极简中国古代建筑史

楼庆西 著

人民美術出版社
北 京

图书在版编目（CIP）数据

极简中国古代建筑史 / 楼庆西著者. -- 北京：人民美术出版社，2017.11
ISBN 978-7-102-07878-6

Ⅰ. ①极… Ⅱ. ①楼… Ⅲ. ①建筑史－中国－古代
Ⅳ. ①TU-092.2

中国版本图书馆CIP数据核字(2017)第270813号

极简 中国古代建筑史

编辑出版 人民美術出版社
（100735 北京北总布胡同32号）
http://www.renmei.com.cn
发行部：(010) 67517601 67517602
邮购部：(010) 67517797
责任编辑 沙海龙
书籍设计 宁成春 鲁明静
责任校对 冉 博
责任印制 刘 毅
制 版 朝花制版中心
印 刷 北京图文天地制版印刷有限公司
经 销 全国新华书店

2017年12月 第1版 第1次印刷
开本：889毫米×640毫米 1/16 印张：12.25
印数：0001—5000册
ISBN 978-7-102-07878-6
定价：39.00元

目　录

绪　言

中华民族是一个具有五千余年文明史的伟大民族，在这个历程中，各族人民创造出源远流长、博大精深的中华文化，为中华民族的发展提供了强大的精神力量。中国古代建筑文化无疑是这份遗产中重要的一部分。

建筑为人类劳动、工作、生活等各方面提供活动的空间和场所，正因为如此，人们看见建筑必然会想到曾经在这里发生的事件和相关的人，所以建筑除了有物质和艺术的双重功能外还有记忆的功能。北京天安门原是明、清两代皇城的大门，它经历了明、清时代24位封建皇帝的进进出出和荣辱盛衰；目睹了1900年八国联军占领了紫禁城；1919年伟大的五四运动在这里发起；1949年10月毛泽东主席在天安门城楼上宣布了新中国的诞生；所以天安门经历过从封建主义、新民主主义到社会主义各个历史时期的重大事件，因此才成为标志性的形象出现在共和国的国徽上。一座紫禁城可以说记载了中国封建社会的政治与文化，一座座古村落也记录了中国农耕社会的政治、经济与文化，因此古代的建筑具有历史、艺术和科学诸方面的价值。如果说浩瀚的文献记载了中华文明史，无数青铜器、玉器、漆器等等出土文物见证了这段文明史，那么古代建筑则比文献更具体更直观；比其他文物真为全面而翔实。

中国古代建筑，根据文献记载和实物见证，已经具有七千余年的发展历史，经过长期实践，形成为类型多样、工艺精良、极富特征的独特体系。本书按中国古代建筑的主要类别，将它们的发生，发展，形态与内容分别作了简约的介绍，希望通过这些介绍，使广大读者能够认识这一份珍贵的文化珍宝，从而加强中华民族的文化自信，更好地为实现中华民族伟大的复兴之梦而努力奋斗。

第一章

匠心独具
——中国古代建筑特征

中国古代建筑不仅历史悠久，而且具有鲜明的特征，因而在世界建筑的发展史上占有重要地位。中国古代建筑的特征概括地说主要表现在三方面：采用木结构体系；建筑的群体性；善于对建筑进行美化装饰。

一、木结构体系

自古以来，中国就用木材制作房屋的结构构架。浙江余姚河姆渡遗址发掘出带有榫卯的木构件，说明这种木结构已经有七千余年的历史了。木结构的基本形制是在地面上立柱子，在柱子上架设水平的梁枋，由于要制作坡形屋面以利于排泄雨雪，所以需要多层梁枋相叠。然后在梁上架檩，檩上铺设椽子，这样就完成了一幢房屋的木结构构架。工匠在椽子上铺瓦面，地上铺地面，

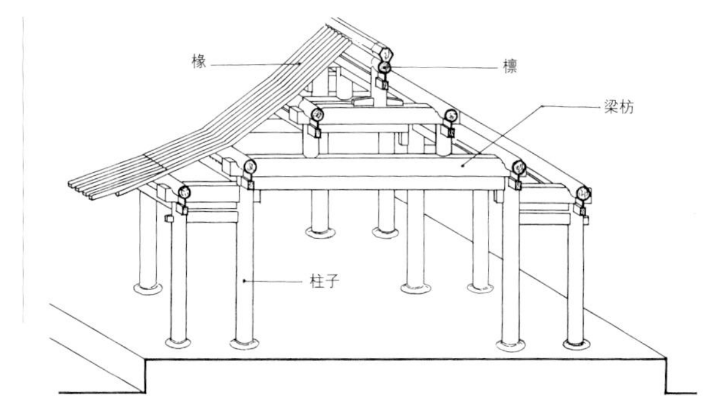

1.1 中国古代建筑木构架图

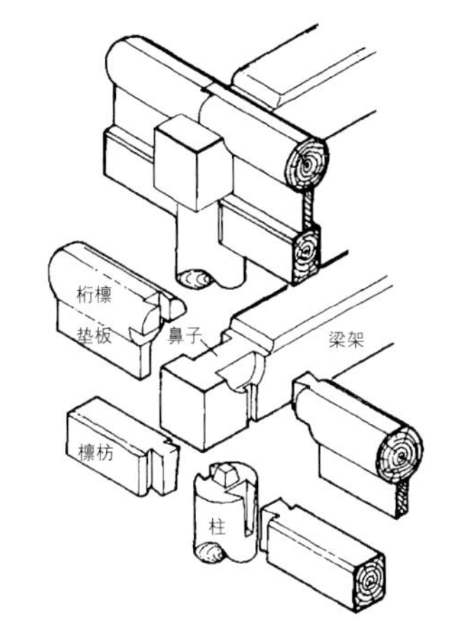

1.2 木结构榫卯图

柱子间筑墙和安设门与窗，即成为能使用的建筑了。

木结构有很多优点，其一是从采集、运输到加工、建造，都比石材和砖材方便。意大利佛罗伦萨主教堂是当地著名的标志性建筑，它最显著的拱形屋顶离地面55米，拱顶本身又高达30余米，而且是里外双层，中间设有登顶的楼梯，全部用石料建造，自1420年开始至1431年才完工，花了11年时间。中国北京的紫禁城，包含有大小数百座建筑，自1407年始建，至1420年完工，花了13年。其中包括自各地采集木料、砖石材料的时间。对比这两处几乎建于同一时期的建筑，可以明显地看出木结构在这方面的优势。其二是木结构各构件之间是采用柔性的榫卯连结，它能够承受较大的突然冲击力而不倒塌，例如地震。中国各地历史上发生过无数次地震，但是各地的古建筑尽管砖墙倒塌，但木结构依然屹立，这就是中国古建筑特有的“墙倒屋不塌”现象。其三是木结构的房屋，其墙体不承受重量，所以可以用各种材料筑造墙体，又可以在墙上任意开设门和窗。例如北方天寒，需用砖或土筑造墙体以御寒；南方亚热带地区用竹材筑墙以透风。房屋立柱之间可以在墙体的任何地方设门窗，可以在两柱之间安设格扇门，也可以不设墙体而成为亭或廊。

但是木结构也有缺点，就是怕火、怕潮湿而导致木材腐朽、怕南方的白蚂蚁等蛀蚀木材。木

1.3 安装格扇的厅堂

1.4 北京颐和园亭子、廊子

结构最怕火灾，在古代人们还不能科学地认识天上雷击的原因，因而也提不出有效的防御办法，很多古建筑都因雷击而被烧毁。连举行国家大礼的紫禁城太和殿也先后多次被烧毁。

二、建筑的群体性

中国古代建筑如果与西方古代建筑相比，人们会发现，西方的古神庙、古教堂等著名建筑多追求个体形象的高大与宏伟，体现出建筑的永恒性。而中国的宫殿、坛庙、寺院多讲求建筑的群体性。我国明、清两代最重要的殿堂太和殿，其高度连同大殿下

1.5 北京紫禁城太和殿（上） 意大利罗马圣彼得教堂（下）

1.6 北京紫禁城

1.7 埃及金字塔

面的三层石台基，共高约35米。而意大利罗马的圣彼得教堂，是象征古罗马神权的重要建筑，它的高度自拱顶上的十字架至地面，共计137.8米，超过太和殿100米。但太和殿作为宫殿，不是一座，而是与中和、保和两殿组成前朝三大殿，并且还有北面的后宫与两翼的配殿，组合成一座庞大的宫殿建筑群体。明、清

1.8 清代裕陵园

两代皇陵中任何一座地面上的殿堂，其高低大小都无法与埃及的王陵金字塔相比，但明、清皇陵都是一组群体，前有石牌楼、碑亭、神道、棂星门，后有陵门、陵恩殿、方城明楼和地宫，组成一座庞大的陵墓。中国南、北地

1.9 意大利米兰教堂

1.10 河北承德普陀众寺庙

1.11 山西灵石王家大院住宅

区无数佛寺的殿堂都比不上意大利米兰教堂和德国科隆教堂那样高大，但佛寺都是前有山门、钟鼓楼、天王殿，后有大雄宝殿、藏经楼等系列殿堂，而组成寺院群体。中国古代园林，无论皇家园林还是私人宅园，更是由游乐、住宅、宗教等多类型建筑与山、水、植物组合而成的极为丰富的群体。直至中国的住宅，绝大多数地区都采用的是由四面建筑围合而成的四合院群体。如果说西方的神庙、教堂以其高耸的形象，埃及的金字塔以其巨大的体量，使人们感到震撼，那么，当人们走进中国的殿堂、寺庙时，随着一进又一进的院落，一座座端庄的宫门与山门，庄严的殿堂与佛堂，高耸的楼阁与佛塔，依次展现在你的面前。当人们步入一座座古代园林，那些由山、水、植物、建筑组成的景观，让你左顾右盼，步移景异。这些完全由空间与时间组成的艺术，同样会使人们感到一种震撼。

三、善于对建筑进行美化装饰

建筑，除了个别的类型，如纪念碑之外，都具有物质与艺术的双重功能。建筑为人们的劳动、工作、生活、娱乐等多方面提供活动场所，这是它的实用，即物质的功能。建筑同时又是实实在在的构筑物，它立于地面，人们随时都能见到，于是就产生了形象问题，人们喜欢不喜欢，认为它好看或难看，这就是建筑的艺术，即精神功能。从这个意义上说，建筑与绘画、雕塑一样，同属造型艺术一类。但建筑艺术又与绘画、雕塑不同，它的形象首先取决于它的使用功能和采用的材料与结构形式，建筑不能像绘画，雕塑那样塑造出任何人物的形象和场景，它只能通过建筑群体的布局、适当的形象塑造和装饰，表现出一种氛围与气势，例如庄严或平和，宏伟或亲切，热闹或肃静等等。装饰是增加建筑艺术表现力的重要也是必要的手段。

中国工匠善于对建筑进行美化装饰，主要表现在两个方面：其一是善于对展露在外的，有实际功能的各种构件，在加工制造中进行美化处理，使之具有装饰作用；其二是几乎对建筑的每一处构件都进行美化处理，从屋顶、墙身到门窗、基座，从外至里，莫不如此。

先从屋顶说起。由于采用木结构，使中国古建筑的屋顶部分相对比较硕大，有的殿堂屋顶高度与屋身相等，甚至还超过屋身

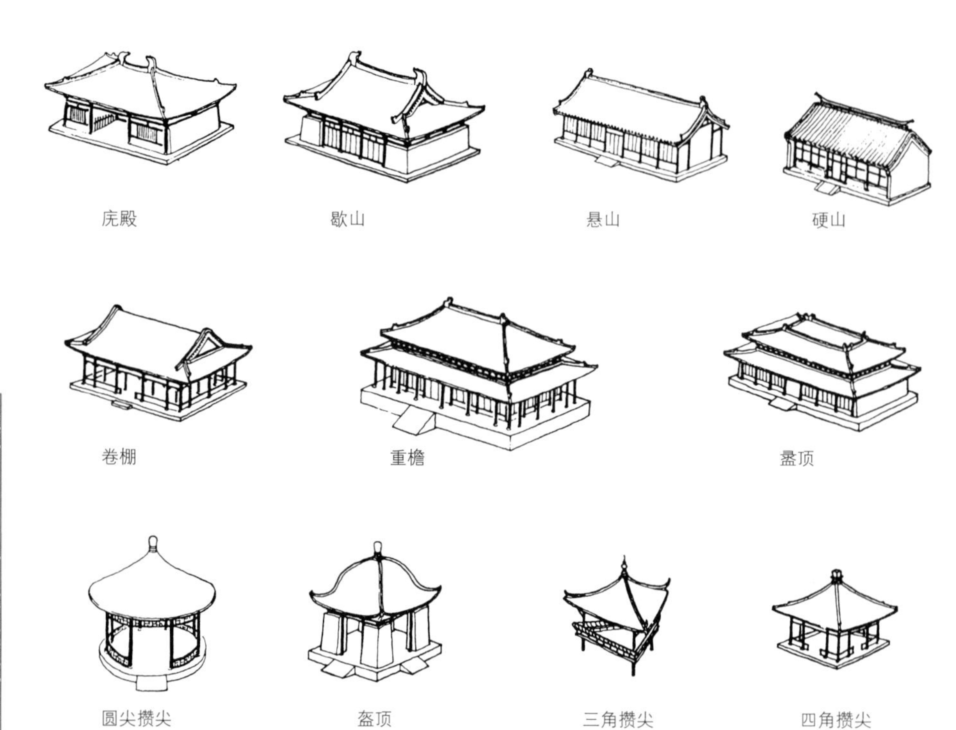

1.12 中国古建筑屋顶示意图

之高。经过长期实践，工匠创造出多种形式的屋顶，最简单的是两面坡的硬山顶，它的特征是屋顶左右两端不挑出屋身墙体而直接与墙体相连。二是悬山顶，即两面坡的两端挑出墙体而悬在空中，故名悬山。三是歇山顶，它的形式好比是悬山与四面坡顶的重叠，结构相对复杂，但形象比较丰富。四是庑殿顶，即四面坡的屋顶。这是最基本的的四种屋顶形式，它们分别应用在大小不同的建筑上，而且在长期的使用中逐渐成为建筑等级的标志，即从庑殿、歇山、悬山、硬山，分别使用在从隆重到一般性的不同等级的建筑物上。当然除此四种基本形式之外，还有攒尖、盝顶、盔顶、平顶以及多种屋顶相组合的不同形式，组成了多样的屋顶系列。

以上是从屋顶的整体形象而言，对于屋顶面上的各处构件，也多有美的加工处理。两个屋面相交而成屋脊，数条屋脊相交而有结点；屋面铺设的筒瓦、板瓦至屋檐处，为了便于排水而有瓦当与滴水；为了固定檐口之瓦不

1.13 硬山（上）、悬山（下）屋顶

1.14 歇山（上）、庑殿（下）屋顶

致被推至地面而用瓦钉固定，这些构件都被工匠加工而形成装饰；屋脊用砖、瓦砌成各种式样的花饰；屋顶交汇结点做成各种龙头，鳌鱼或植物花草；瓦当、滴水上都装饰着动物、植物、文字；瓦钉帽变成各种小兽。硕大的屋顶不显得那么笨拙了，变为建筑造型很重要的一个部分了。

再看木结构。古代大多数建筑的木结构部分是露明的，柱子以上的梁枋、檩、椽等构件都直接表露于人的视线之内，因此，工匠对构架的每一部分几乎都进行了美的加工。构架中最主要的梁被加工呈弯如月亮形，称为“月梁”。月梁的两面侧面上还雕刻有花饰，有的梁枋朝下的底面也刻着花纹，梁与梁之间的垫木做成瓜形小柱，有的还用木雕狮子当垫木的；檩木上画着彩画；梁与柱交结处的雀替或梁托更成了雕刻的重点部位。中国建筑为了防止屋身部分的木柱、墙身、门窗少受日晒、雨淋，多将屋顶出檐加大，支撑出檐的斗拱、牛腿或撑木，工匠都将它们或施以彩饰，或雕上花草、动物、人物。当人们走进建筑抬头一望，单调死板的木结构变得丰富多彩了，人们形容它们是“雕梁画栋”。

1.15 房屋屋脊的装饰

1.16 房屋顶正脊、正吻的装饰

1.17 房屋屋顶小兽、瓦当、滴水的装饰

1.18 房屋梁枋的装饰

墙体的加工。中国木结构的建筑，屋身部分的墙体多用砖砌造。在这些墙体上，工匠也尽可能地加以装饰。房屋两侧的墙体称为山墙，在山墙上端中央往往多附有砖雕花饰；在山墙正面的上端接连屋顶部分称“墀头”，这里也是装饰的重点；有的建筑在窗下的那一段不大的墙面上，还要用六边形龟背状的面砖装饰，以求得吉祥与长寿。在福建一带还常用当地烧制的红色砖与浅色石料在墙体上拼出各种几何纹饰，使人赏心悦目。

门与窗的装饰。老子在《道

1.19 梁枋间垫木的装饰

1.20 屋檐下斗拱

1.21 屋檐下撑木

1.22 屋檐下龙腿

1.23 房屋山墙木装饰

德经》中说："凿户牖以为室，当其无，有室之用"。户为门，牖为窗。门多开设在建筑的显著位置，人们进出建筑首先看到的是大门，如同人先

1.24 福建地区房屋砖墙装饰

注意脸面一样，所以将大门称为“门脸”。它代表着建筑主人的地位、财势，于是门成了装饰的重点。中国建筑多以群体出现，从宫殿、坛庙到寺院、住宅，他们的大门都是由木板拼合的板门，门上有拼合木板用的门钉、铁页，关门用的门环、门栓，固定门板用的门枕石与门簪，工匠对这些有功能作用的构件都进行了加工。排列整齐的门钉除了具有形式美，还被赋予了等级的含义；门环做成由兽头、如意等组成的铺首；门枕石被雕成狮子、圆鼓、基座等各种形象；门簪头上书刻着“吉祥如意”等吉语。

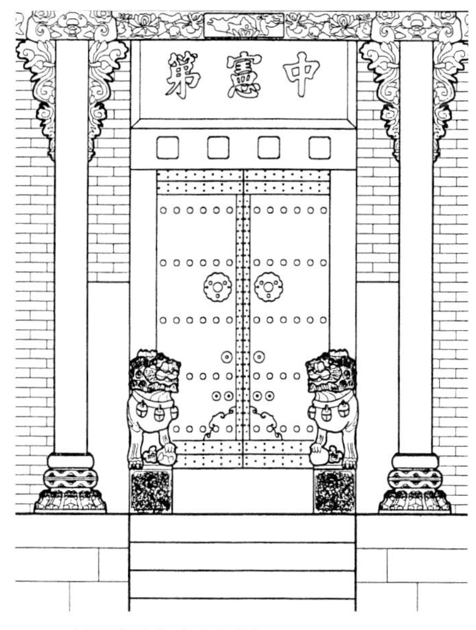

1.25 山西地区住宅大门图

1.26 浙江兰溪诸葛村祠堂牌楼门

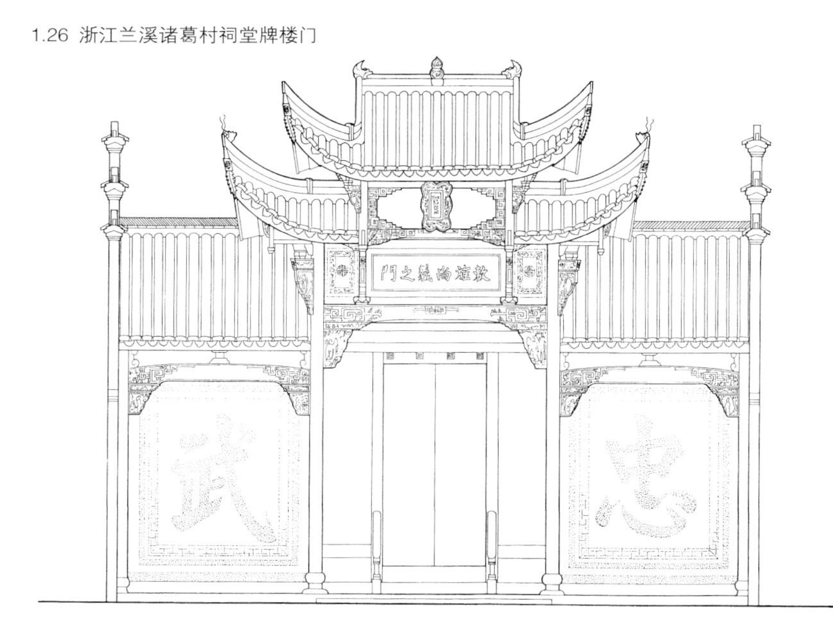

这只是大门本身的装饰，有的甚至将一座牌楼紧贴在墙面上而成为牌楼门。

窗的功能一为采光，二为透气。在园林中，房屋的窗还具有观景的作用。在玻璃还没有用在窗上之前，古代的窗上多用糊纸或纱以利采光和透气。无论糊纸或纱都需要较为密集的木条格，正是这些木条格为工匠提供了装饰门窗的广阔天地。于是出现了各种几何形的窗格纹，逐渐有了卍字纹、步步锦的窗格，它们不但具有形式美感，而且还有了千千万万、吉祥、步步入锦迹、步步高升的人文涵义。随着工艺的发展，一些动物、植物、人物等雕刻也出现在窗格上。明朝后透明的玻璃逐渐用在窗上，格纹不需要那么密了，格纹的装饰也逐渐稀少了，代之而起的是在玻璃上刻花作为装饰，也有把不同色彩的玻璃拼接在窗上起到美化作用。

台基的加工。早在距今四千余年的中国奴隶社会时期留下的建筑遗址上就看到房屋下部有用夯土筑造的台基，房屋筑造在高出地面的台基上有利于保持干燥和免于水患，因此台基成了中国古代建筑必有的部分，它与屋顶、屋身组成房屋的基本形制。台基最初为夯土筑成，为了坚实，在夯土表皮上用砖或石包

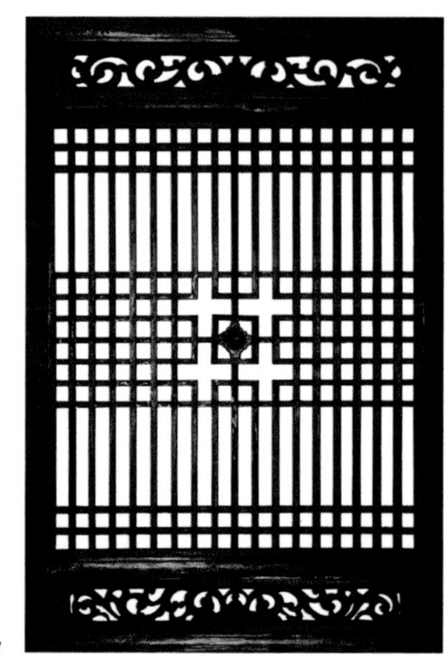

1.27 浙江地区住宅窗

1.28 广东地区住宅窗

1.29 卍字不到头窗格装饰

1.30 步步锦窗格

砌，这就是我们常见的石台基或砖、石混合台基。台基由基座、栏杆、台阶三部分组成，在高度不大的台基四周也有不设栏杆的。工匠对每一部分也都进行了装饰加工。基座做成有上下枋和中间束腰的须弥座，在须弥座四角的上、下枋上用雕花处理，束腰上用角神或角兽；台基栏杆的柱头和栏板部分成了重点装饰位置；上下台基的台阶是人上下脚踩的部分，按说不应有装饰，但是在北京紫禁城太和殿、保和殿前、后的台阶，中央特设置了一

1.31 清式须弥座

1.32 须弥座上的角神

1.33 辽宁沈阳皇陵的石栏杆

1.34 北京紫禁城宫殿石台阶

1.35 石台阶上的石雕装饰

条专来供皇帝行走的御道，连同两侧的台阶表面上都满布石雕。在一些寺庙和讲究住宅的台阶两边也有用龙和狮子作装饰的。

以上讲的是建筑外部和结构部分的加工装饰，在建筑室内也同样如此。古建筑中比较讲究的宫殿、坛庙、陵墓等类型的室内多采用天花架设在梁枋之下，它的作用是保持室内空间的完整和清洁，最常见的天花是用木料组成小方格形，每个方格上用天花板覆盖，因为方形格网形同“井”字，故称井字天花。天花板上可以说无处不用彩画装饰，紫禁城的宫殿里当然用象征皇帝的龙，一块天花一条龙；佛寺大殿内用象征佛教的莲花；园林厅堂内用植物花朵，有的还一块方格一种花卉，形成百花齐放的景象。在紫禁城的宫殿里还有用木雕龙作天花装饰的，将室内装饰得更加堂皇。

1.36 北京紫禁城宫殿井字天花

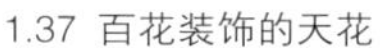

1.37 百花装饰的天花

1.38 北京紫禁城宫殿雕龙天花

1.39 紫禁城太和殿藻井

屋顶上除了天花还有藻井，它不是结构功能的构件，而是一种具有纯装饰性的构件，是天花上一处重点装饰，多设在宫殿内皇帝宝座之上，或在佛殿内佛像之上方。在各地的戏台的天花板上也有做成藻井的，它可以将戏台打扮得热热闹闹，喜气洋洋。

与天花板相对的是地面，和台基的台阶一样，人们来往行走踩踏之地本不该有装饰，但在某些佛寺里，例如甘肃敦煌莫高窟的某些洞窟的地面上铺着带有莲花装饰的地砖。

建筑室内除墙壁外，有的还用格扇与罩来分隔空间。这里的格扇因为位于室内，不受外界的日晒雨淋，因此它们的装饰更为讲究。例如在紫禁城宫殿室内的格扇多用楠木、紫檀等上等木材制作，在格扇上不但有精细的雕花，还将铜片、玉石、景泰蓝用在装饰中，使这些格扇成了一种精美的艺术品。室内的罩，不论是圆罩、落地罩还是格扇罩，都满布雕饰，像格扇一样成为室内一种醒目的装饰。

以上列举了古代工匠对建筑各部分进行装饰加工的情况，这里需要说明的是，这些屋顶到台基部分构件经过加工不但具有了形式之美，还同时表达了不同程度的人文内涵。前面讲过建筑艺术不能像绘画、雕塑那样表现出人物形象和场景，它只能用象征与比拟的办法来表现一定的内容，所以在建筑各部位的装饰中见到的多是具有特定象征意义的动物、植物与器物。动物中的龙、凤、狮子、鹿、麒麟、猴、公鸡、蝙蝠、仙鹤，植物中的松、竹、梅、牡丹、菊、兰、石榴、桃，器物中的鼎、磬、琴、棋、书、画、文房四宝，都是装饰中常见之物。它们都具有特定的象征意义，它们或以单体或组成群，表达出不同的人文内涵。除此之外，也可以看到在一些特定部位，如梁枋上的彩画，格扇上的绦环板，墙面上的砖雕，工匠应用绘画和雕刻手段表现人物和场景，尽管受到构件大小的限制，但工匠以精细的工艺将人物

1.40 紫禁城宫殿内格扇

1.41 山西晋商大院垂花门上的松、竹、梅装饰

1.42 影壁上砖雕博古器物

1.43 北京颐和园长廊

与场景也刻画得很细致。北京颐和园有一条长廊，共有273开间，728米长。在每一开间的梁枋上都绘有彩画，画的内容除了山水植物，还有桃园结义、三顾茅庐、三碗不过岗、八仙过海、西厢记、天仙配等古代历史和著名小说中的经典场景。人游廊中，一路走去仿佛在读一部历史文化的长卷，这样的装饰极大地增添了建筑艺术的表现力。

中国古代建筑，随着中华民族五千年的文明史，也经历了数千年的发展历程。古代一代又一代的工匠，应用木材，以他们毕生的精力与全部智慧，努力发掘木材的优势，可以说将木材的应用发挥到极致，创造出无数的宫殿、陵寝、坛庙、寺院、园林和数不清的住宅，为后人留下了一份极其珍贵的建筑文化遗产，使之成为中华民族文化中重要的组成部分。

第二章

巍巍殿堂
——中国古代宫殿

中国古代宫殿是历代王朝统治者理政和生活的场所，它既为统治者理政、学习、宗教、生活、游乐多方面的需要服务，又要表现出帝王一统天下、无上权威的意志。汉高祖取得全国政权后，定都陕西咸阳，他的臣下在咸阳大建宫室，高祖看了以后，觉得刚取得政权，国内还不安宁，这样做不妥，但丞相萧何对他说："且夫天子四海为家，非壮丽无以重威"。可见宫殿要表现出帝王的威严也是它的重要功能，有时这种精神艺术上的功能甚至超过它的物质使用功能。历代统治者由于手中掌握权力，他总会集中最大的人力、物力，使用最好的材料和最高的技艺，召集技术最精良的工匠来建设宫殿，因此历代王朝的宫殿可以说代表了那一个时代建筑技术与艺术的最高水平。

一、历代宫殿

根据文献记载，大约在公元前21世纪，中国进入奴隶社会，建立了历史上第一个朝代——夏朝，朝廷修建了城廓，并在城中修筑了宫室。商朝（公元前16世纪—公元前11世纪）灭夏使奴隶社会得到进一步发展，并将都城设在殷（在河南安阳西北小屯村）。根据考古发掘，证明在殷城建有宫室，大致分为三个区，从现存遗址看，可能分别为理政与生活区，并发现其中主要建筑均处于轴线之上。商以后为周朝，历时300余年，先后在镐（今陕西西安西南）和洛邑（今河南洛阳）建都，但这两处古都至今均未作发掘。历史进入战国时期，流传至今的《周礼·冬官考工记第六》中有一段对古代都城的描绘："匠人营国，方九里，旁三门。国中九经九纬，经涂九轨。左祖右社，前朝后市，市朝一夫"。从文字描写与后世据此绘出来的图形看，我们只能见到这时的宫殿应该位居都城之中心，宫殿的具体布局未有说明。

秦始皇统一中国，为了显示他建立的第一个封建王国，在都城咸阳大建宫室，据《史记·秦始皇本纪》记载："咸阳之旁二百里内，宫观二百七十，复道甬道相连……"其规模之大可以想见。尤其是营建的朝宫阿房宫，其前殿"先作前殿阿房，东西五百步，南北五十丈，上可以坐万人，下可以建五丈旗。周驰为阁道，自殿下直抵南山。表南山之巅以为阙"。面之阔达200余米，进深有100余米，有阁道直抵南山，以山之峰为门阙，其气魄够大的。古人对建筑之描绘，尤其对于尺寸大小难免夸大不实，但经考古发掘出来的前殿下的夯土和遗址东西长约1300米，南北420米。其台上是一座庞大的殿堂，还是由数座殿堂组合的群体，不得而知，无论是哪种形式，其规模都属空前。遗憾的是前殿只修筑了台基，殿堂未及开建，秦朝即二世而亡，咸阳的其他宫室也因为秦亡而被烧毁，今人已无法目睹当年的辉煌了。

公元前206年，西汉灭秦，建都于陕西长安，先后在城内建了未央宫、长乐宫和北宫，其中

2.1 《三礼图》中的周王城图
2.2 汉长安平面图

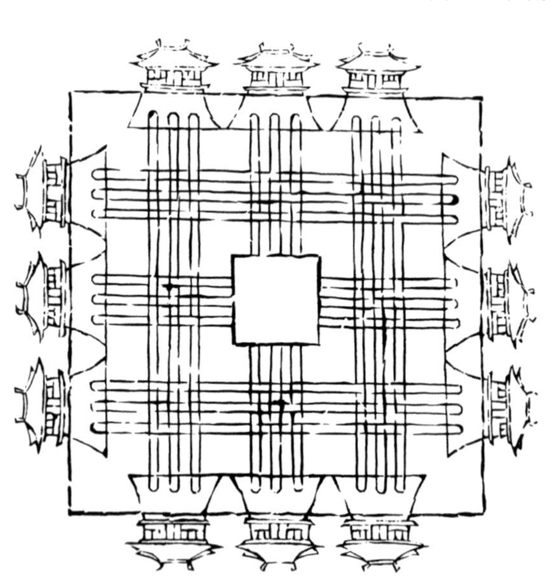

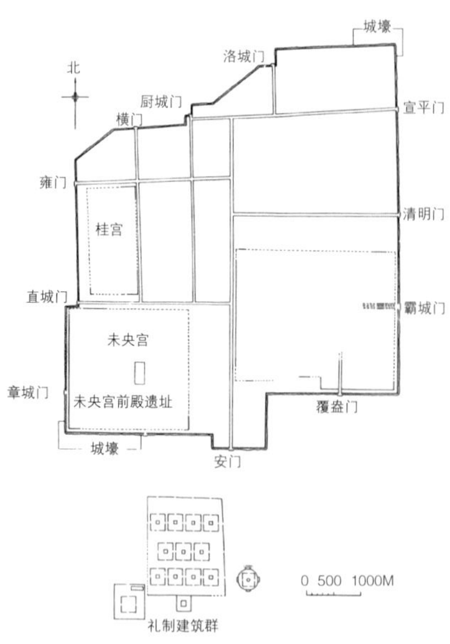

未央宫是汉朝帝王理政所在地，有前殿等十多组建筑。长乐宫为皇太后住地，北宫为皇太子居所。汉武帝时又在城内建桂宫、明光宫和城外的建章宫。这些宫殿皆用宫墙相围而成为一座宫城，各座宫城内建筑的布局已经无从辨认了。

公元581年，杨坚立国号隋。次年，隋文帝命宇文凯在汉代长安城的东南新建都城大兴，待唐朝立国后继续建设，改称长安。长安城不仅规模大而且有严整的规划，全城划分为108个里坊，皇城、宫城均居于城北中央。皇城在前，为朝廷军政官署和宗庙所在地，宫城在后，其中部为太极宫，为帝王听政与居住的宫室，占地1.92平方公里，为明、清紫禁城的2.7倍。宫内

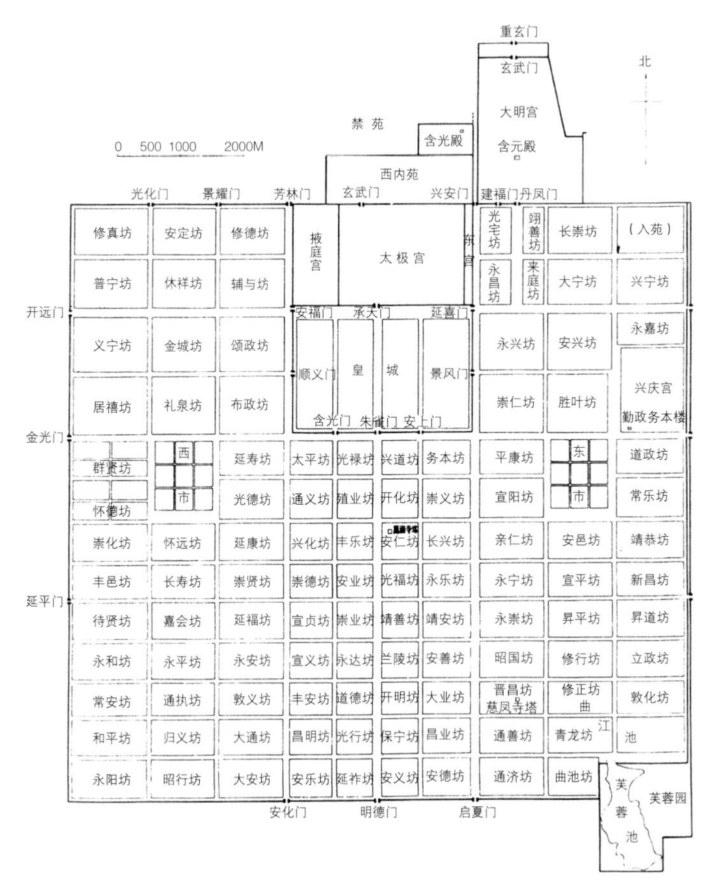

2.3 唐长安城图

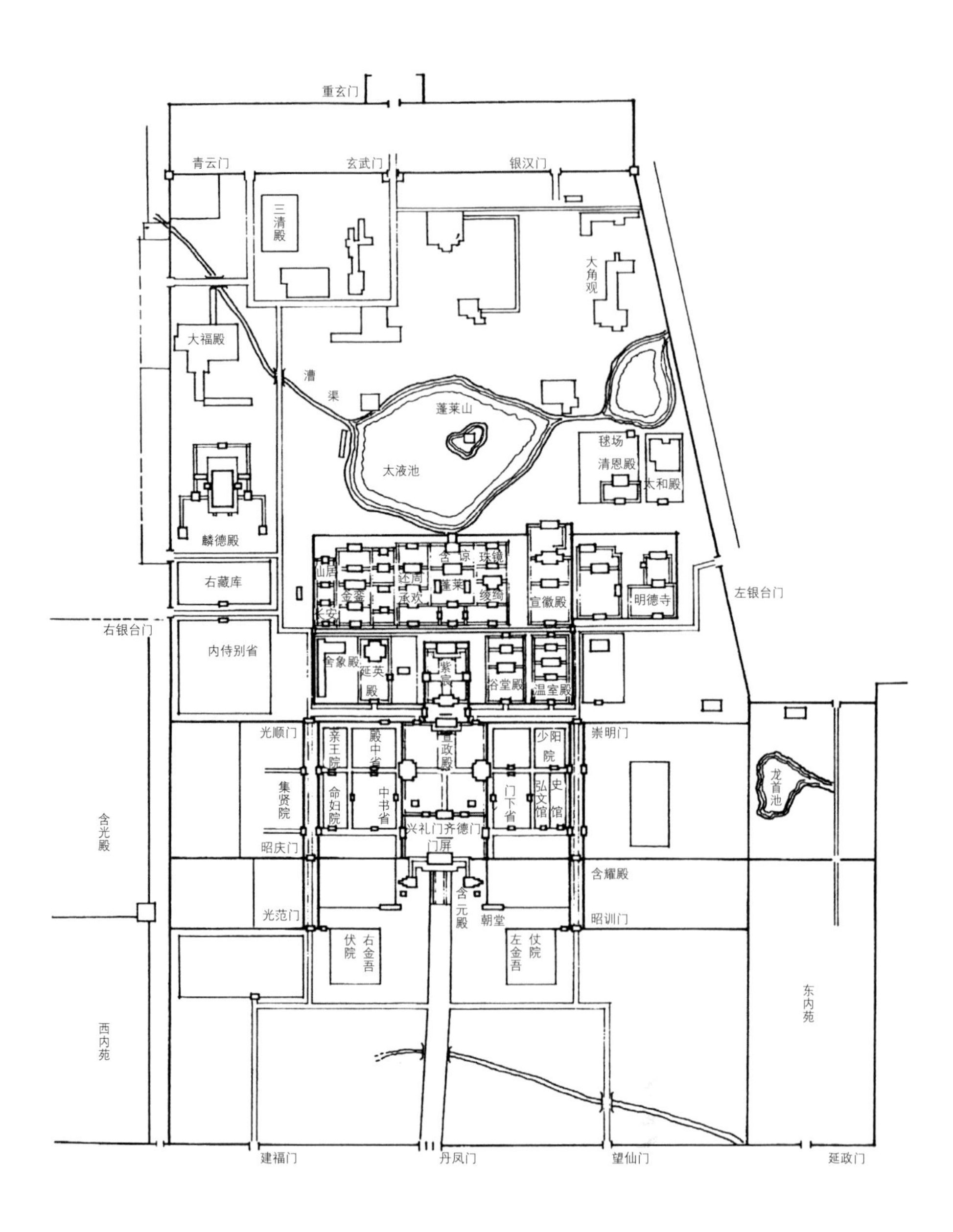

2.4 唐长安大明宫平面图

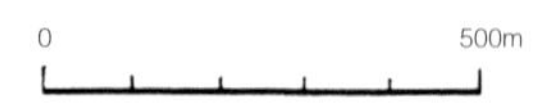

自南向北分朝、寝、苑三部分，中有横街相隔，三部分的主要殿堂均居于中轴线上。公元634年唐朝又在长安城的东北方的城外建造了新的宫城大明宫。新宫城总体呈不规则的长方形，但其中主要宫廷区规划严整，南北仍分为朝、寝、苑三区，主要殿堂仍按中轴对称布局。正殿含元殿居前，位于高地前沿，殿前设龙尾道直下至平地，左右有廊屋与殿前两阁相联，从根据遗址绘制的复原图上可以看到唐代宫殿所具有的盛大气势。含元殿之后有宣政殿、紫宸殿、蓬莱殿均位于中轴线上，分别为中朝、内朝与寝宫之用。大明宫北区为苑区，中部挖有太液池，池中有蓬莱山，池西有一座麟德殿，为帝王举行宴请和佛事活动场所。该殿规模巨大，由前、中、后三殿相连组合而成，面积为北京紫禁城太和

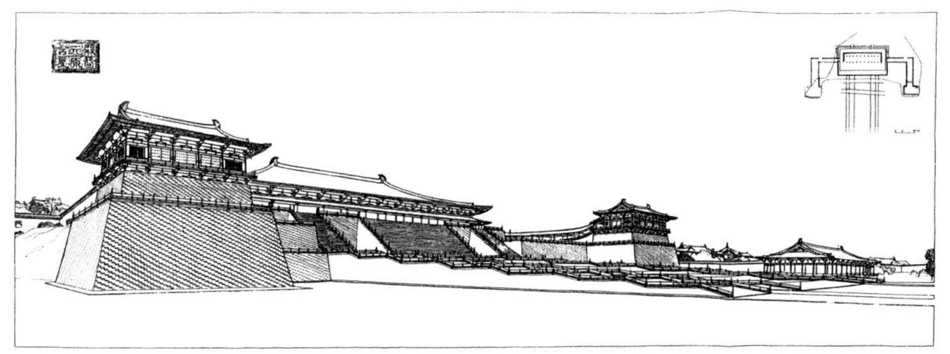

2.5 唐大明宫含元殿复原图

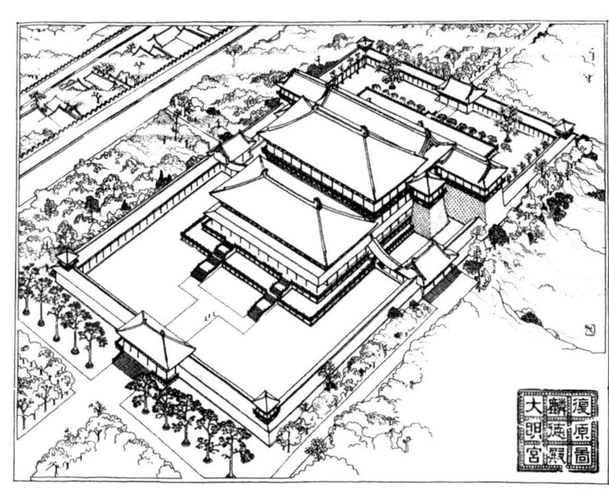

2.6 唐大明宫麟德殿复原图

殿的三倍。大明宫遗址已经考古发掘，全宫占地3.42平方公里，为北京紫禁城的4.8倍。据发掘出来的宫殿遗址可知宫殿之墙为夯土筑造，内外均抹灰，呈赫红或者白色，内墙多为白色，木结构的梁、柱刷赫红、朱红；屋顶以黑色有光青瓦为主，只在檐口、屋脊上用墨绿色琉璃瓦。由此可见，唐代宫殿气势大，但装饰并不绚丽。

宋朝定都汴梁（今河南开封），城有外、内、宫三重城，宫城位于城中心偏西，宫城四面皆设城门。南为宣德门，门前特设御道，其宽达300米，为朝廷举行重大活动之地。宫城中央为大内中心区，其中大庆殿为主殿；其北紫宸殿为常朝地；垂拱殿为日朝地。各殿自成群体，殿堂按中轴对称布置，但大内各殿有的利用旧有宫殿建置，所以未形成贯通南北的中轴线。

以上只对秦、汉、唐、宋几个主要朝代的宫殿做了简要的介绍，从这些并不翔实的材料中，还是可以看出中国古代宫殿所形成的一些共有的特征。其一是宫殿并非一座庞大的殿堂，而是由众多的殿堂为帝王提供理政、学习、生活、娱乐等多方面需要的场所。其二是这众多的建筑多按中轴对称的布局，将主要殿堂安排在中央轴线之上。三是这些建筑组合在一起，四周筑有围墙而成为一座宫城。四是宫城多设在都城的中心位置。以上这些特征已成为一种传统格式，为历代王朝所遵行。

12世纪初，蒙古族进占中原，建立了多民族的统一国家。公元1271年，元世祖忽必烈正式建国号为元，并定都于金代的都城中都，改称为大都。大都的建设严格按照古代礼制所规定的都城形式，城的平面呈方形，皇城位于大都南部中央，宫城在皇城之内，处于城市中轴线上。皇城之北为商业中心，皇城外左右各设太庙与社稷坛，这就是“前朝后市，左祖右社”的礼制定式。宫城四周各开一门，四角建角楼，主要殿堂皆放在中轴线上。据文献记载，这些殿堂使用了许多贵重材料，如楠木、紫檀木和各种彩色琉璃；建筑上有喇嘛教题材的雕刻与壁画；室内墙上挂有毡毯、毛皮和丝绸帷幕作装饰；宫城中还建有盝顶殿、棕毛殿。这些都是在汉民族的宫殿中所不曾见到的，它反映了元代蒙古族的生活习俗与艺术爱好。遗憾的是元代宫殿在元末明初时被破坏了，它的遗址也埋在紫禁城的城下。

公元1368年明太祖朱元璋灭

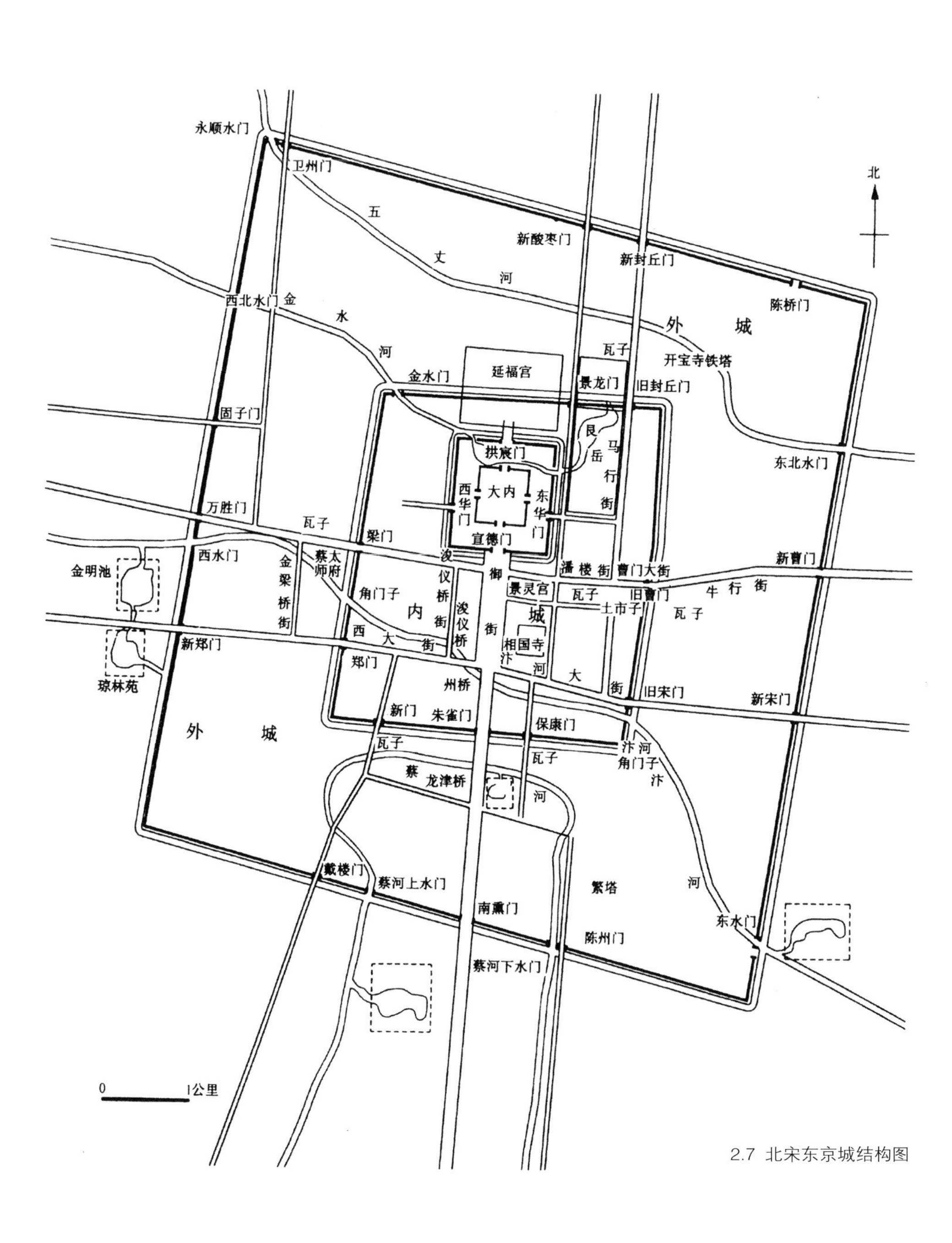
永顺水门
卫州门
五
丈
河
新酸枣门
新封丘门
北
陈桥门
外
城
西北水门
金
水
河
瓦子
开宝寺铁塔
延福宫
金水门
景龙门
旧封丘门
固子门
艮
岳
马
行
街
拱宸门
东北水门
西
华
门
大内
东
华
门
万胜门
瓦子
梁门
宣德门
西水门
蔡太
师府
浚
仪
桥
街
御
潘楼街
曹门大街
新曹门
金明池
金
梁
桥
街
景灵宫
角门子
瓦子
旧曹门
牛行街
内
城
土市子
瓦子
浚
仪
桥
新郑门
西
大
街
相国寺
汴
河
郑门
琼林苑
州桥
大
街
旧宋门
新宋门
新门
朱雀门
外
城
保康门
瓦子
汴河
瓦子
角门子
汴
蔡
龙津桥
河
戴楼门
蔡河上水门
繁塔
河
南熏门
东水门
陈州门
蔡河下水门
0
1公里

2.7 北宋东京城结构图

元建立了明朝，定都于建康（今江苏南京）。公元1403年明成祖朱棣登皇位后迁都至元大都，改称北京。永乐皇帝朱棣于永乐五年即下令修建宫城紫禁城，在元代宫城的废墟上，这座庞大的宫城经十三年建成。明王朝统治中国达276年，公元1644年清兵自东北入关侵占北京，明亡而清立。

清兵在1644年入关之前，清太祖努尔哈赤已经在辽宁沈阳建造了他的宫殿，就是如今沈阳故宫的东路。这一建筑群组布局很特殊，一座大政殿坐北居中，在它的前面，东西侧各有五座王亭，略呈“八”字形排列左右。这种布局在清之前各朝代宫殿中从未见过。努尔哈赤为东北女真族贵族的后代，自幼勇悍善武，在他以武力征服各部落后，于公元1616年在辽宁新宾建立了国家，国号为“天命金

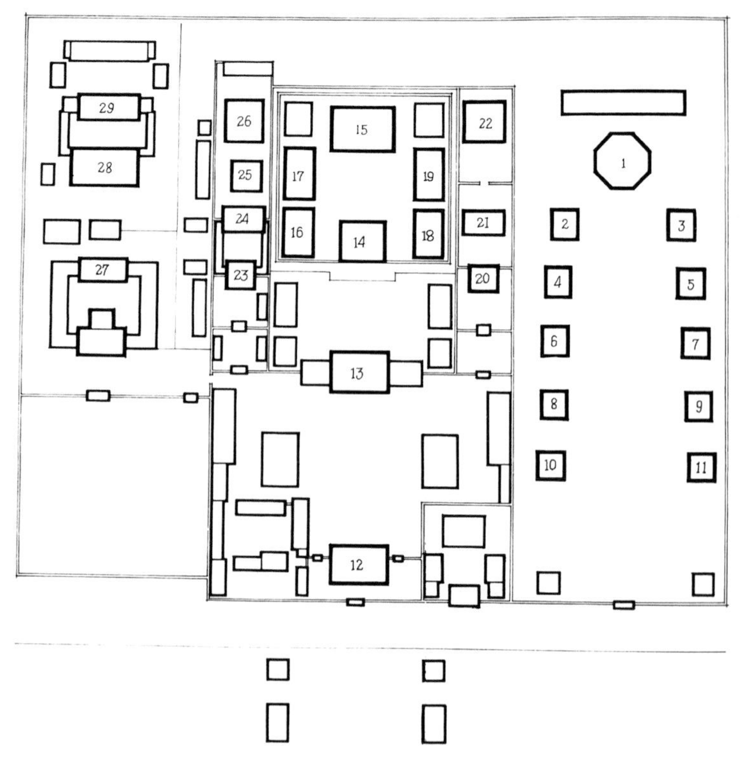

2.8 辽宁沈阳清故宫平面图

1.大政殿；2.右翼王亭；3.左翼王亭；4.正黄旗亭；5.镶黄旗亭；6.正红旗亭；7.正白旗亭；8.镶红旗亭；9.镶白旗亭；10.镶蓝旗亭；11.正蓝旗亭；12.大清门；

国汗”，自立为国王汗。随着实力的扩大，于公元1625年将都城迁至沈阳。在平时统治中，努尔哈赤建立了“八旗”制。所谓八旗，即用黄、白、蓝、红等颜色的旗帜为标志，将全国军兵分作八个集团，分别由指定的八旗官员统管。他们成了汗王努尔哈赤的主要辅佐，战时统率作战，平时管理田赋、养征、讼诉事。据文献记载努尔哈赤每遇大事或宴请，都要在大殿两侧张立八顶大帐篷，邀八旗诸王与大臣坐幕中共议国事。这种形式带到宫殿中就形成这样的十座亭了。十亭中除北段的两座外，其余八座都依照八旗的序列而设置，成为汗王召集八旗统领商议国事时专供八旗王办公之地。

2.9 沈阳故宫大政殿

公元1626年努尔哈赤病死在出征途中，他的四子皇太极继位，改国号为清。为了加强中央

2.10 沈阳故宫崇政殿

集权，削减了八旗王的势力，十王亭逐渐失去了作用。皇太极在东路宫殿之西新建了中路，完成了大清门、崇政殿、凤凰楼及清宁宫这一建筑群体，实行了前朝后寝的传统宫殿形制。清朝入关以后，到乾隆时期又在这里加建了西路，由东、中、西三路组成的沈阳故宫可以说记载了清朝统治者入关前后所经历的历史。清朝入关以后全盘接收，沿用了明朝的宫城紫禁城，从而使紫禁城成为经历明、清两朝24位帝王，使用时间最长的一座封建王城。

二、北京紫禁城

公元1368年8月，朱元璋率大军攻占元大都城，宣告元亡而明立。朱元璋将都城定在今日之南京，为了避免日后诸王子争夺王位的祸乱，他将成年的王子都分封至各地为王，其四子朱棣被封至大都为燕王，将大都改称北平。朱元璋在位31年，死后将王位传给嫡长孙朱允炆。在北平的燕王朱棣不服，起兵推翻了在位三年的侄子朱允炆，自立皇位，国号永乐，并将都城由南方迁至北平，改称为北京。这时，元朝在北京的宫城已毁，于是明成祖朱棣在永乐五年（1407）下令在元宫城旧地上建造新的宫殿紫禁城。

（一）紫禁城的建造

古时军队出征打仗，讲究兵马未动，粮草先行，而建造房屋则需“备料先行”。公元1407年明成祖下令建新宫。他首先派出大臣至各地采集各种建筑材料。以木材为结构的中国建筑自然采集木料最为重要。当时木材的产地集中在江南、湖南、四川诸省，建造庞大的宫殿群体所需木材不仅数量多而且尺寸大。这些木材从山林砍伐后，多由水路运输，将木料结扎成木排，顺水可漂流，逆水靠人工拉牵，先入长江，再经由南北大运河北上至北京。据文献记载，自路途遥远地区将木料经千辛万苦运至北京需长达三四年的时间。这些木料抵京后从水中捞起，运至专设的库房晾干备用。当时在京城西单有专为储存木料的大木仓库，如今库房已不在，只留下个“大木仓胡同”的名称了。

除木料之外，建造宫殿用砖量也很大。宫城四周需用大量城砖，房屋砌墙的墙砖，铺地的地砖。地砖不只一层，有的地面需要铺三到七层。紫禁城全部建筑用砖据估计需8000万块以上。如此大量的砖不可能都在京城附近烧制，有不少砖来自江苏、山东一带。其中质量要求最高的是铺砌在太和殿、保和殿、乾清宫等主要殿堂里的地面砖。这种砖需要选择出自江苏苏州地区质地极细的泥土经过人工多次筛、洗后制成砖坯。这些砖坯为了防止太阳晒而生裂缝，所以必须放在背阴处晾干，然后进砖窑经高温烧制成砖，出窑后经人工逐块严格检查，凡有破损、裂纹、空洞者皆为废品。因为这种方形地砖质地坚实，敲之出金属声，故称“金砖”。所有这些产自南方的砖料也都依靠大运河北运。明朝廷一度规定，凡运粮船只经过产砖地，必须装载一定数量的砖才能放行。砖运至京城后也先存入库房备用，为此在地安门外特设专为储存方砖的方砖厂。如今也和大木仓库一样，库房无存，只剩一条“方砖厂胡同”了。

一座紫禁城的建筑所需琉璃砖、瓦的数量也很大。这些琉璃构件品种多样，制作工艺复杂。为了使用方便，当时在京城附近选地烧制供用。北京南城的琉璃厂、郊区门头沟的琉璃渠都是当时烧制琉璃构件的窑厂旧址。

中国古代建筑虽属木结构，但也有用石料的地方，尤其宫殿建筑，主要殿堂的台基、栏杆、台阶，金水河上的石桥等等，都需要不少石料。为了宫殿的高质量，紫禁城内采用的是色白质坚的“汉白玉”石料。它产自河北曲阳县，产地离北京400里，相对于产自南方的木料，砖材距离不算远，但石料不像木料、砖材，它既不能靠水运，也不能靠人挑肩扛，只能放在车上靠人与牲畜拉行。古代工匠在实践中想出了聪明的办法，即沿途打井，利用北方冬季寒冷，滴水成冰，取井水泼地造成一条冰道，将巨石放在特制的旱船上，靠人力、畜力拉着旱船在冰道上滑行至京城。这样的办法自然比较省力，但仍费时费工。紫禁城太和殿、保和殿的前后各有一块供皇帝上下台基的御道石，长达16米，宽3米多，重达200余吨。从巨石产地运至京城，沿途挖水井140余口，动用民工达二万人，拉石队伍排列成一里长的队伍，每天才能前进5里路。

这样的备料工作持续了近十年，才开始了大规模的现场施工。当时召集了来自全国的十万工匠和几十万民工，在这块占地72万平方米的巨大工地上，日夜兼施，从打地基、架木构、砌墙、铺瓦、铺地、安门窗、油漆彩画直至修筑四围宫墙，建四方城门楼与角楼，至永乐十八年（1420），紫禁城全部完工。

（二）紫禁城的规划布局

首先需要说明宫城的名称紫禁城的由来。阴阳五行学说是中国古代的一种世界观与宇宙观，古人认为世界是由金、木、水、火、土五种基本元素组成。地上的方位分为东、西、南、北、中五方；天上的星座也分为东、

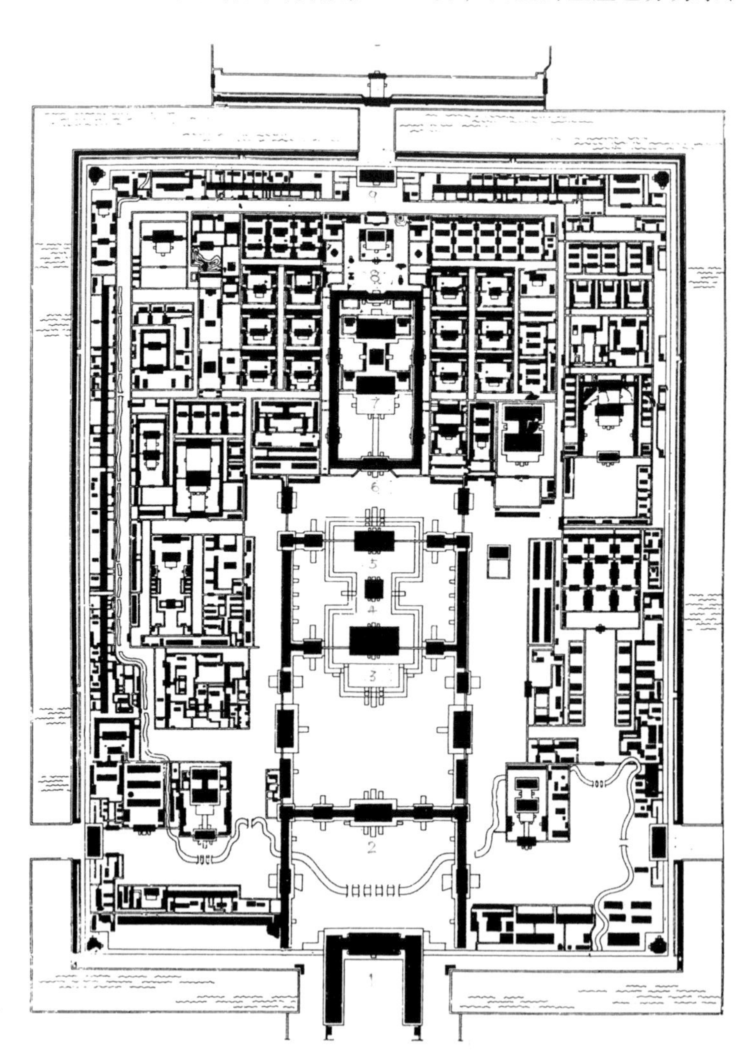

2.11 北京紫禁城平面图

南、西、北、中五宫；颜色分作青、黄、赤、白、黑五色；声音也分作宫、商、角、徵、羽五音。同时将五种元素与五方、五色、五音联系起来组成有规律的关系。例如天上五宫的中宫居于中央，而中宫又分为三垣，即上垣太极、中垣紫微、下垣天市。这中垣紫微自然又处于中宫之中央，成为宇宙中最中心的位置，为天帝居所。如今地上的帝王自称为天之子，他的居住地也自然应称为紫微宫。汉朝皇帝在长安的未央宫亦称为紫微宫，明朝将帝王居住的宫城禁地称为紫禁城，当然也是事出有据。

紫禁城占地72万平方米，建筑数百座，总面积达16万多平方米。如何将这数百座大小殿堂有秩序地规划布局，使之既能适合宫殿的使用功能，又能表现出帝王一统天下的威势，遗憾的是至今尚未发现有当时留下的有关文献与图样，所以现在只能依据现状，从宫殿传统礼制、风水学等多方面加以分析与探讨。

任何建筑首先要满足的是它的物质使用功能，宫殿也不例外。紫禁城要满足皇帝及其家族在这里理政、学习、宗教、居住、娱乐等多方面的需要，根据历代帝王宫殿的经验，自然采用前朝后宫、后苑的布局，即前为上大朝用的太和、中和、保和三大殿，以及在东、西两侧的文华殿与武英殿。前者为皇帝读书之所，后者为皇帝斋居地。后宫有皇帝、皇后居住的乾清宫与坤宁宫，在它们的两侧有供皇妃、太后居住的东、西六宫，以及皇太子居住的东、西五所。后苑御花园在宫殿最北面。

从礼制与阴阳五行学分析，天帝居所位于宇宙中央，象征黄土地之黄色也居于五方位之中央，自然界诸山之中，有高峰突出于中央，看上去特别稳定与宏伟，所以以中为贵成了人们的公认，在长期的封建社会中几乎成为一种礼制。综观历代朝廷的宫殿都采取这样一种格局，即将重要的建筑布置在中轴线上以显示出它们的重要性。紫禁城也是这样，无论前朝还是后宫、后苑，其主要殿堂均放在中央轴线上，从宫殿的南大门午门经太和门、三大殿、后宫直抵北门神武门，贯穿宫城南北，而且明朝在改建元大都城时，还将这条中轴线向南延伸至外城的永定门，向北至鼓楼与钟楼，形成条南起永定门、北至钟楼长达7500米的北京特有的中轴线。

在阴阳五行学中，将世界万物皆分阴阳：男性为阳，女性为阴；前为阳，后为阴；数字中单数为阳，双数为阴等等。在紫禁城建筑布局中，前朝当为阳，后宫当为阴，因此前朝为单数三大殿，后宫为双数两大宫，即乾清宫与坤宁宫，中间的交泰殿是后来加建的。

风水学也是影响布局的因素。古人经过长期的实践，知道了人的生活离不开山与水，早期人类生活吃的是野兽肉，披的是兽皮；生火用的是木柴，建房用的木料都来自山林，人的生活与生产均离不开水。风水学将“背山面水”归结为人类最好的生存环境，是“风水宝地”。紫禁城前朝大门太和门前有一条金水河，河上架着五座石桥。这条河并非原有的自然河道，而是建宫时有意挖出来的，引护城河中之水灌流其中。在挖掘宫城四周的护城河时，又将挖出之土堆积到宫城之北而成景山，于是形成人造的“背山面水”，使紫禁城处于风水宝地之中。

从建筑所造成的艺术效果考虑，紫禁城充分应用建筑群体中庭院的大小、个体建筑的高低等等来营造出一种气氛。走过午门，迎面是一个扁平的庭院。步入太和门，空间扩大至面积达25000平方米的巨大广场。太和殿坐落在北端，在这里看不见任何树木、花草。出前朝经乾清门进入后宫，庭院变小了，台基也矮了，也能见到庭院中有些树木了。最后才来到御花园，园中的亭台楼阁、树木花草使情绪从威严中得到松懈。紫禁城建筑群的布置如同一首乐曲，有前奏，有

2.12 紫禁城太和门

2.13 紫禁城太和殿

2.14 紫禁城乾清宫

高潮，也有尾声，从而达到表现封建帝王一统天下、无上权威的艺术效果。

我国著名的建筑史学家傅熹年先生对紫禁城院落面积与宫殿位置的模数关系进行了探讨。根据紫禁城的测图，他发现后宫三宫所组成的院落东西宽118

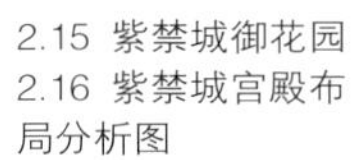

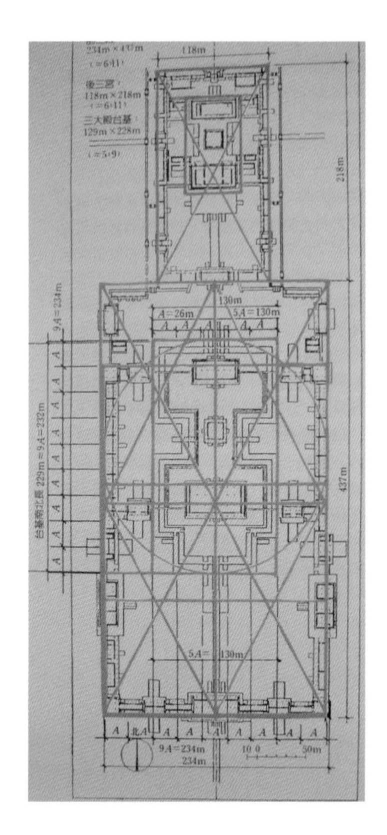

2.15 紫禁城御花园
2.16 紫禁城宫殿布局分析图

米，南北长218米，二者之比为6：11；由前朝三大殿组成的院落东西宽234米，南北长437米，二者之比亦为6：11；而且后者之长宽几乎为前者的两倍，即前朝院落面积等于后宫院落的四倍。另外，后宫部分的东西六宫与东西五所，这东西两部分宫、所长为216米，宽为119米，其尺寸与后宫院落大小基本相同。由此可以看出，前朝院落和东西六宫、五所的面积都可能是根据后宫院落大小而定。傅先生认为，中国封建王朝的建立，对帝王而言是“化家为国”，因此在紫禁城以皇帝的家即后宫为模数来规划前朝三殿与其他建筑，这是可能的。此外，如果在前朝和后宫院落的四角各画对角线，则对角线的交叉点正落在主殿太和殿与乾清宫的位置上，所以这很可能是决定建筑群中主要殿堂位置的设计手段，中心之前为庭院，之后安量其他建筑。这种现象在北京智化寺、妙应寺等重要寺庙中同样存在。

以上就是有关紫禁城规划布局的种种分析与探讨，在缺失确切史料的情况下，我们只能通过多方面的分析来揭示古代营造者的规划思想与设计方法。

（三）紫禁城的建筑

在介绍紫禁城的建筑之前，需要对中国古代的礼制作一简单说明。中国封建社会长期以礼制治国。礼是什么？一部《礼记》对礼作了说明："夫礼者，所以定亲疏、决嫌疑，别同异，明是非也"。"道德仁义，非礼不成。教训正俗，非礼不备。分争辨，非礼不决。君臣、上下、父子、兄弟，非礼不定。"（《礼记·曲礼上第一》）这是说礼是明辨是非、决定人伦关系的标准，是制定仁义道德的规范。礼是一种思想，也是行为的规则，它制约着社会的伦理道德，同时制约着人们的生活行为。在《礼记》中也见到不少有关建筑形制的要求。例如将城市分作天子王城、诸侯的国都与宗室、卿大夫的都城三个级别，在城楼的高度、城市中南北大道的宽度都分别规定有不同的尺寸。由高到低、由宽到窄，等级分明。在《礼记·礼器第十》中说："有以大为贵者，宫室之量，器皿之度，棺椁之厚，丘封之大，此以大为贵也。""礼有以多为贵者。天子七庙，诸侯五，大夫

2.17 紫禁城午门

三，士一。”“有以高为贵者。天子之堂九尺，诸侯七尺，大夫五尺、士三尺”。从这里可以看出，从宫室的大小到死后坟头的高低、棺椁之厚薄都有等级的制度。紫禁城的宫殿恰恰是充分体现了封建的这一等级制。

1.午门。午门是紫禁城的南大门，它的功能除了是出入宫城的主要通道，也是每年皇帝颁诏书和下令战士出征和回京后，向皇帝行献俘礼的地方。它的形式和皇城南大门天安门相似，在高高的城台上坐落着一座九开间的大殿，但不同的是在午门大殿的两侧，各有13间殿屋向南伸出，在殿屋两端各有一座方形殿堂，所以使午门成为一座冂形门楼，从三面环抱着门前广场。这种称为“阙门”的形式是古代最高等级的门。除此之外，午门大殿屋顶为重檐庑殿式，也是屋顶中最高等级，而天安门为重檐歇山式顶。由此可见，宫城大门比皇城大门要高一等级。午门的城台上正南面开有三个门洞，在东西向城台的角落处又各开一门洞，所以共有五个门洞。南面中央门洞最高最宽，是皇帝出入的专用门。除皇帝外，皇后举行婚礼时由宫外迎接入宫，可以由正门进宫。明、清两朝录用官吏采取科举制，各省考中的举人集中于京城，经统一考取者为进士，各进士还要进紫禁城参加皇帝的面试，取得头三名的状元、榜眼、探花出宫时特许走正门，以示礼遇。东西左右二门供文武百官、皇室王公出入。只有在举行大朝和殿试时，因出入的百官与进士人数过多，才开启左右掖门供使用。一座宫城大门门洞的使用也体现了封建的等级制。

2.太和殿。这是明、清两朝举行朝政大典的地方，皇帝登基、万寿、大婚、重大节日接受百官朝贺、赐宴等都在这里举行仪典，所以它位于宫城居中位置。礼制以高为贵，太和殿在宫城诸殿中最高，连台基在内共高35米多。殿下有高达8米许的三层台基。这种三层台基除此地之外，只有在永乐皇帝的陵堂祾恩殿、皇帝祭祖的太庙祭殿、皇帝祭天的天坛才能采用。礼制以大为贵，太和殿面阔11开间，达60米，进深33.3米，其面积大小在宫中皆称第一。礼制以多为贵，大殿前皇帝专用上下台基的御道上雕有九条龙，在阳性的单数中，九为最大数。大殿屋顶的戗脊上已经用了最大数的九只小兽作装饰了，但宫中的保和殿、皇极殿脊上也用了九只小兽，于是在太和殿春上九兽之后又持加了一只猴，成为十只小兽。

2.18 紫禁城太和殿

2.20 太和殿屋脊上的小兽

2.19 紫禁城保和殿石御道

2.21 紫禁城各种建筑上的小兽

2.22 太和殿内景

自从汉高祖自称为龙之子以后，龙即成了皇帝的象征，于是在宫殿建筑上出现了大量龙的装饰。明、清两代朝廷还明令除了皇家建筑，不许在其他建筑上用龙作装饰。太和殿从室外的台基、栏杆、建筑上的梁枋彩画、门窗格扇，直至室内的立柱、天花、藻井，乃至皇帝坐的龙椅，椅后的屏风，无不有龙的装饰。一扇格扇门上就有57条龙。有人统计在太和殿的里里外外、上上下下，共有12600余条龙，真可谓龙天龙地了。

在太和殿前方的台基上还有铜制的龟与仙鹤，石制的嘉量、日晷分列左右。龟与鹤均为长寿的禽类，它们象征着国家的长治久安；嘉量为国家统一的粮食量

2.23 太和殿前的铜龟、铜鹤和嘉量

器。日晷利用太阳光影能显示时刻，它们象征着全国的统一。台基上下分列着铜香炉，在香炉中以及在铜龟、铜鹤的空心腹中点上香木，一时间，香烟弥漫，配合着排列在大殿前的文武百官与仪仗队的朝贺与呐喊声，组成一幅颇为威严壮丽的场面。

前朝除太和殿外，还有中和、保和两殿与太和殿共处于同一个三层台基上。中和殿为皇帝上大朝或出宫祭祖、祭天之前在这里休息、阅视祭文作准备之处。平面正方形，屋顶为四方攒尖式。保和殿为皇帝举行殿试和宴请王公的殿堂，它面阔九开间，重檐歇山顶，位于中和殿之北。三座大殿，各司其职，从平面大小、屋顶形式都分出等级之高低。它们合组成前

2.24 紫禁城前朝太和、中和、保和三大殿

2.25 紫禁城乾清门

朝三殿的建筑群体。

3.乾清门与乾清宫。乾清门是后宫南面的正门，按礼制，它应该比前朝的大门太和门低一个等级。太和门面阔九开间，重檐歇山顶，坐落在一层汉白玉石的台基上。大门两侧还有昭德、贞度两座五开间的侧门作陪衬，组成一主二从的形式。在太和门前左右还各有一只巨大的青铜狮子蹲坐在双层须弥座上作护卫。而乾清门只有五开间，单檐歇山顶，坐落在单层石台基上，门前也有一对铜狮子，但这里的台基与狮子都比太和门低小。乾清门两侧没有侧门，只用了两座影壁

2.26 紫禁城乾清殿内景

呈“八”字形连在大门前侧，以增加大门的气势。

乾清宫是后宫的正殿，是皇帝皇后的寝宫，平时不上大朝时，皇帝也在这里批阅奏章，召见大臣处理政务。大殿面阔九开间，重檐庑殿顶。与太和殿相比，虽然也用了最高等级的屋顶形式，屋脊上的小兽也用了九个，但面阔和大殿面积都不如太和殿，殿下的石台基只有一层，而且用平台直接与乾清门相连，进后宫大门后可以平步走向大殿，不必上下台基，大大减少了前朝那种威严的氛围。清雍正皇帝将寝宫换到西六宫的养心殿，乾清宫成为帝王日常处理政务之处，每逢节日皇帝还在这里举行内廷朝礼和赐宴百官，所以大殿内也设有皇帝宝座，座前设御案，座后立屏风。它的规格如同太和殿，只是一个供大朝，一个供日朝所用。

明朝紫禁城建成时，乾清宫后面只有坤宁宫，从而形成前三殿、后二宫的格局。坤宁宫为皇后居住的正宫，所以规格也不低，与乾清宫一样也是重檐庑殿顶，面阔九开间。明嘉靖年间在乾清与坤宁两宫之间加建了一座交泰殿。殿不大，平面正方形，四角攒尖顶，是皇后在重大节庆日受皇族朝贺之处，清乾隆帝后成为存放皇帝专用宝玺的地方。如此一来，后二宫变为三宫，组成为前朝三殿、后寝三宫的现状。

前三殿与后三宫相比，论面积大小，前已说明，前三殿院落

2.27 紫禁城宫殿的金龙和玺彩画（上）与龙凤和玺彩画（下）

面积为后三宫院落的四倍。论建筑形象，三殿与三宫同样都处于同一台基之上，但前者为三层台基，后者只有一层。论装饰，都属皇家建筑，都以龙为主要装饰题材，但后宫为皇帝、皇后所共用，所以装饰题材中除龙之外，又加了象征皇后的凤。在乾清宫后檐和交泰殿的梁枋彩画，由前三殿的金龙彩画变为金凤彩画了。在台基栏杆的柱头上，前三殿用的全为雕龙，而后宫用雕龙、雕凤交错并列，前朝三殿需要的是开阔、神圣、宏伟，而后三宫需要的是较为平和，少有威严、逼人之感。

4.养心殿。养心殿位于后宫西六宫之南，自从雍正皇帝由乾清宫迁移到此居住以后，这里就由普通的一组宫室变为朝廷中心。帝王除在此居住之外，也在这里与大臣议事处理日常政务。养心殿分前后两部分，后殿为寝殿，前殿理政。前殿中央设有宝座，东间为暖阁，也设有御椅，为皇帝与大臣议事处。公元1861

2.28 紫禁城石栏杆柱头上的龙凤雕饰

2.29 紫禁城养心殿东暖阁

年，清咸丰皇帝病逝，同治皇帝即位，年方6岁。其母太后那拉氏阴谋篡权理政时，小皇帝坐在御椅上，椅后挂一垂帘，慈禧太后坐在帘后发号施令，行使实权。这就是清朝有名的“垂帘听政”。如今东暖阁依然保持着当时的陈设，向今人展示出清朝廷那一段特殊的历史。

建筑是一部史书，紫禁城，这一座唯一留存至今的中国封建时期的完整宫城，它记载着中国封建社会的政治、文化与科技，是一部珍贵的历史教科书。

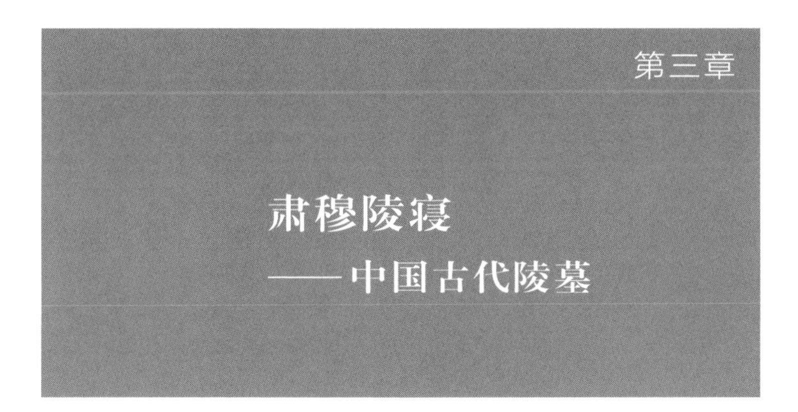

第三章

肃穆陵寝
——中国古代陵墓

古人称埋葬死人的场所为墓，或为坟墓。帝王之墓称陵。这里讲的陵墓为帝王之陵与平民之墓，但以陵为主。

一、陵墓的产生

中国古人有这样的生死观，人活着生活的世界称为“阳间”，人死后只是肉体消亡而灵魂依存，然后到另一个世界去生活，那就是“阴间”或称“冥间”，而且在阴间生活的时间要比在阳间的长久，所以，人在阴间同样需要衣、食、住、行。古人将平时的住房称“阳宅”，将死后的陵墓称“阴宅”。正是由于这种生死观，才产生了墓葬与

3.1 汉墓出土建筑明器

3.2 清代景陵图

祭品，普通百姓在埋葬故人时，在坟前烧一些纸扎的房屋、用具和纸钱，以供他们在阴间使用。有钱人家则用一些陶土烧制的住屋模型、生活用具以及钱币，放在死者的墓穴中。集中了全国人力与物力的封建皇帝更加重视自己死后阴宅的建造，这就是陵墓。自秦始皇开始，历史上多少位皇帝都是在登位后首先建造皇宫，其次就是建造皇陵。帝王要求“生不带来，死要带去”，于是，生前上朝时排列在大殿前的仪仗队和文武百官，在陵墓中就出现了石人、石兽的神道；宫城中的前朝大殿就变成了在陵墓中的祭殿，宫中的后宫寝殿就成了陵墓中的地宫。平时供放在宫中皇帝喜爱的器物，也都作为殉葬品存入地宫。正是这样的习俗，产生了中国古代特有的厚葬制和陵墓建筑群体。

二、历代重要陵墓

秦朝。秦始皇统一天下，即开始在咸阳大建宫室，与此同时，也在陕西临潼县的骊山北麓开始建造始皇陵。皇陵规模很大，如今见到的仅存一座由多层夯土筑成的陵体，近方形，边长约350米，高43米。此陵体已经两千多年的岁月剥蚀，原始形体当更为巨大。陵周围有内、外两层围墙，内墙周围共长2500米，外墙共长6300米。据史料记载，当时动用了70万民工，历时39年，可见工程之浩大。关于陵体下地宫的情况，《史记·秦始皇本纪》中描述为“穿三泉，下铜而致椁，令匠作机弩矢，有所穿近者辄射之。宫观、百官、奇器珍怪徙臧满之。以水银为百川江河大海，机相灌输，上具天文，下具地理……”说明地宫内放满了珍珠宝石，地下宫殿馆所的天花与地面上都有日月星辰和江河湖海的印记，并且以水银充填在江河之中。这种景象是否如实，在地宫尚未发掘之前无法证实，但近年经科学仪器探测，地宫之内确有水银成分。1974年当地农民在耕作时无意发掘出陶俑构件，考古学家经过考察，在皇陵外垣墙东侧发现了规模巨大的兵马俑坑。如今已发掘三处，最大的一处面积达230米乘62米，其中共有6000余兵俑。从已发掘的地坑中可以看到，陶俑分作弓卒、步兵、骑兵、战车兵。他们分别组成方阵，整齐地排列在地

3.3 陕西咸阳秦始皇陵

3.4 秦始皇陵兵马俑坑

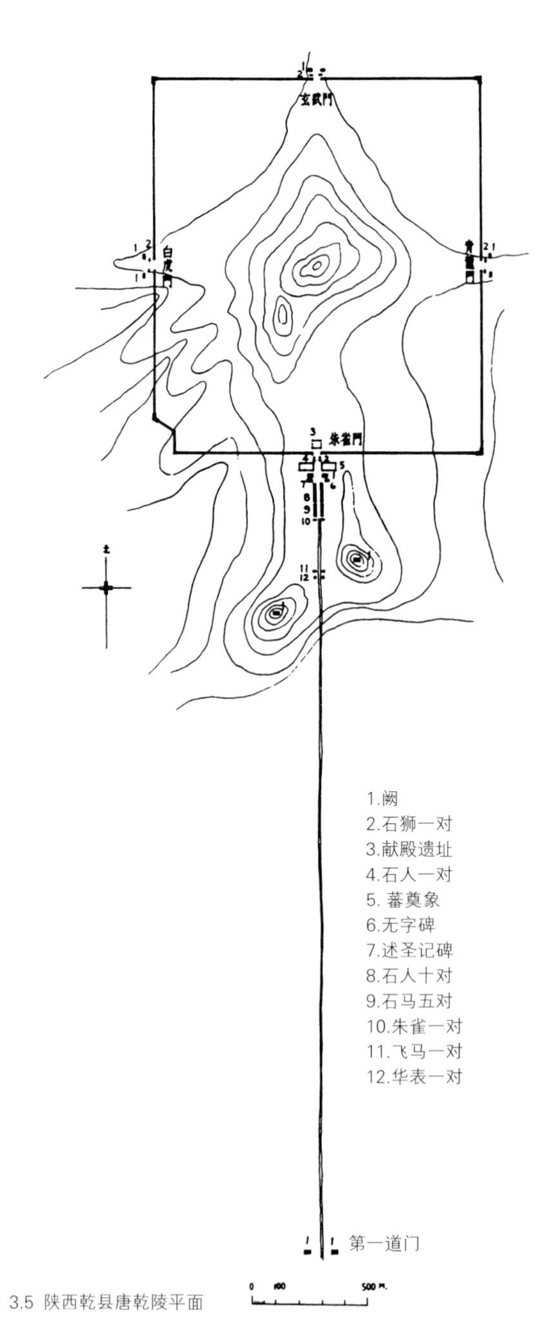

3.5 陕西乾县唐乾陵平面

下。秦始皇生前有专门保卫帝王的近卫军，这兵马俑也就是他死后的近卫军。值得注意的是这庞大的兵马俑，位居皇陵外垣墙之外，而且至今已发掘的还只是它的一部分，由此可见，始皇陵的规模之大的确可以说是空前绝后了。

唐朝。在中国长期封建社会中，唐朝是盛期，政治稳定，经济得到发展，国土广阔而较安定，故称“盛唐”。盛唐之盛表现在城市上有一座面积大而有严整规划的长安都城，在长安城的内、外先后建设了两座宫城。表现在陵墓上，唐朝皇陵继承了以前皇陵的形制，但采用自然山体为地宫场所，因而增添了皇陵之气势。

唐乾陵为唐高宗与皇后武则天合葬之陵，位于陕西乾县。乾陵选择了当地的梁山作为陵地。梁山有一大二小三座山峰，北峰最高，其南有较低二峰分列左右。皇陵将地宫设在北峰之下，开掘山石，建隧道深入地下。在北峰四周建方形陵墙，四面各设一门，在南面的朱雀门内建有祭祀用的献殿，陵墙四角建角楼。乾陵将阙门设在南二峰之顶，山峰高约40米，其上有当年土阙遗址。南二峰之南约3公里处又设立第一道门，至今尚存有东西二

3.6 梁山唐乾陵

阙遗址，残高约8米，可见当年阙门的气势也不凡。乾陵神道设在南二峰阙门之北，沿神道两侧依次排列着华表、飞马、朱雀各一对，石马五对，石人七对，石碑一对。在石碑以北设第三道阙门，门前有当年臣服于唐朝的外国君王的石雕像60座，每座雕像之后都刻有国名和人名。这群雕像的出现，自然是借以显示唐朝当年名扬天下之国威。乾陵自第一道阙至北峰下的地宫，自南往北，共长4公里。多少年来，不少国人都希望乾陵能得到考古发掘，但因条件尚不成熟，未获国家批准。这座盛唐时期的皇陵地宫内到底存藏了哪些稀世珍宝，只有后人能看到了。

明朝。明太祖朱元璋定都南京，死后选择了在南京城外钟山主峰下建造了明孝陵。孝陵按照传统皇陵的形制，陵前设神道，列立众石像生。过神道经棂星门，过金水桥至陵墓中心区，由南而北先后布置大红门、祾恩门、方城明楼、宝顶。地宫设在宝顶之下。它不像唐代皇陵将地宫放在山体之下，而是深埋于山体之前，地上用土堆积成圆形宝顶。孝陵地面上的建筑序列比前朝皇陵更显完备。

如今，孝陵除神道外，其余殿堂皆毁坏无存，但它确定了明朝以后诸皇陵的形制。

明永乐皇帝将国都由南京迁至北京的第二年即开始建造紫禁城，几乎与此同时，也开始了皇陵的建造，在京郊各地选择风水宝地。北京北郊昌平县境内有一天寿山山脉，北有主峰，左右有山峰相抱，围成一处平坦地，其中有水流经过，南面远处有朝山，实为一处能够避风聚水的风水宝地，于是在这里建造了永乐帝的长陵。长陵选在天寿山环抱地的北端，背有主峰相依托，前临开阔之势，占据着中心位置。永乐之后，明仁宗继位，建立了献陵，位于长陵之西侧。继之明宣宗又建景陵于长陵之东侧。在建景陵时，在陵区的南端建立了一座“大明长陵神功圣德碑”，碑上刻的是明仁宗朱高炽所写赞扬其父永乐皇帝一生丰功伟绩的碑文。石碑立在碑亭内。在碑亭之后开辟了一条神道，两旁列立石像生。在仁宗与宣宗之后，又有七位明皇都将自己的皇陵建在

1.石牌楼
2.碑亭
3.神道
4.长陵
5.定陵

3.7 北京昌平明十三陵平面

3.8 明十三陵石牌楼

3.9 明十三陵神道

天寿山之前，罗列在长陵两侧。从永乐皇帝的长陵开始，直至明朝最后一位皇帝崇祯的思陵，长达230多年，在天寿山山麓形成了一个庞大的皇陵区。经过历代经营，形成了一个众陵共有的陵区入口。陵区入口的最前方是一座六柱五开间的巨大石牌楼，牌楼遥对着天寿山的主峰。从牌楼往北约1200米处为陵区的大门大红门，进门后约600米处为碑亭，再往北即为长约1200米的神道，两旁立着文臣、武将、大象、骆驼、马等18对石像生。神道一端即棂星门。自石碑亭至棂星门，自南至北长达3000米。走在这条陵区大道上会感到一种神圣与肃穆。进入棂星门有大道直通长陵，并有若干分道通向其他各座皇陵。

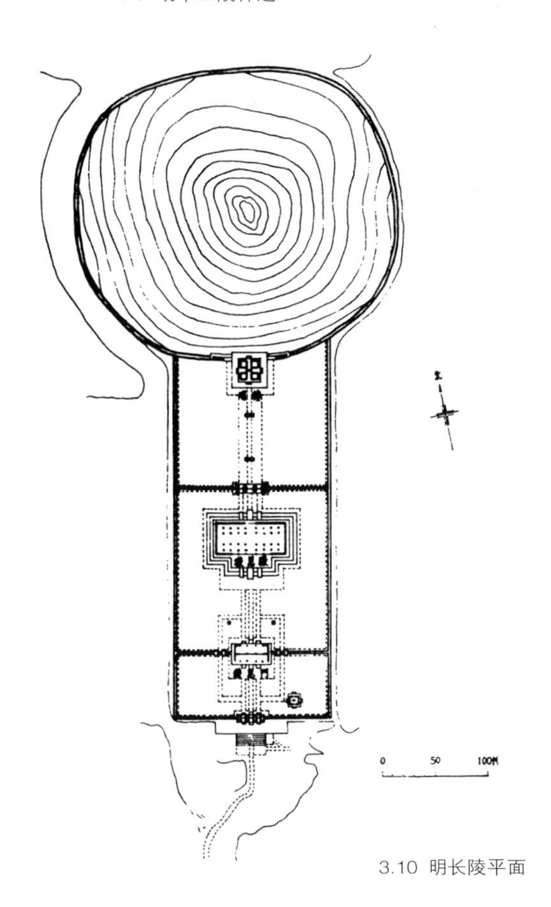

3.10 明长陵平面

明长陵在十三陵中建得最早，完成于永乐二十二年

3.11 明长陵祾恩殿

3.12 明长陵祾恩殿内景

（1424）年，规模也最大，布局十分规整。最前方为长陵大门，其后为祾恩门，门内为祾恩殿。殿后为方城明楼，这是在方形城台上立一碑亭，石碑上书刻陵主姓名。其后为圆形宝顶，地宫深埋下方。整座长陵前后有三进院落，其中祭殿祾恩殿居于中院。它是陵中最主要的大殿，面阔九开间，大小几与太和殿相同，屋顶也用重檐庑殿式，殿下有三层台基。由于此殿为皇帝死后祭殿，不如生前用殿，所以台基不如太和殿之高。大殿内部32根立柱全部用整根楠木制成，最高的达12米，最粗的直径1.7米。楠木立柱保持木料本色，天花用绿色井字方格。殿内虽不如太和殿华丽，但更显端庄肃穆。

明定陵是明神宗万历皇帝的陵墓。神宗在位48年，是明朝在位时间最长的一位皇帝。初登皇位，即亲自到天寿山选定陵址，经六年建成。定陵地上陵址与地下宫室都很讲究，当陵墓完工后，万历帝亲临陵地视察，高兴之余竟下令在地宫内设宴与群臣饮酒庆贺。1956年考古学家对定陵地宫进行了发掘，使深埋于地下的宫室得以展示。地宫位于宝顶下中央偏后，与地上陵殿同在一中轴线上。由前殿、中殿、后殿及左右配殿共五个墓室组成，全部用石材筑造，面积达1195平方米。中殿内陈设着万历皇帝与两位皇后的宝座，座前有供燃点长明灯的大油缸。后殿横列着石质棺床，床上置放皇帝、皇后的棺椁，以及满装各种殉葬品的大木箱。各墓室之间均设有石门，安有石门扇，高约3米，重约4吨，很难打开。定陵的地上部分的布局与长陵几乎相同，它的地宫形制在明朝诸皇陵中应该有代表性。

清朝皇陵。清朝在入关前的两位皇帝清太祖与清太宗死后都在沈阳修建了皇陵，其中福陵为太祖努尔哈赤的陵墓，建在沈

3.13明定陵地宫平面

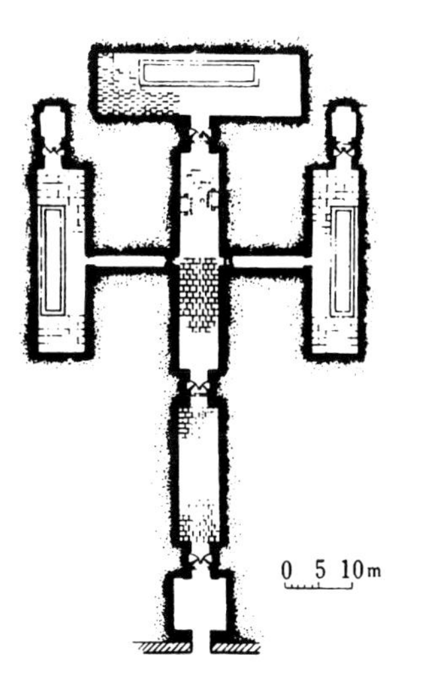

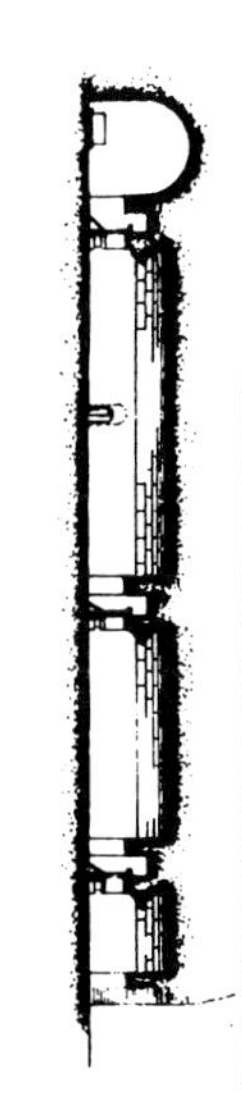

3.14 明定陵地宫

3.15 辽宁沈阳清代福陵

阳城郊，以大山为依托。昭陵为太宗皇太极之陵，完全是建在平地上。一心要汉化的清初这两位帝王在陵墓上也继承了明皇陵的形制，前有石牌坊、大红门、石像生、碑亭，后有隆恩门、隆恩殿、方城明楼和最后的宝顶，组成皇陵建筑群体。如果与明十三陵相比，这两座陵因为只是单体，其石像生组成的神道远不及明陵那么长，这里的隆恩门都建成三层楼阁，高据于城墙之上。城墙绕陵寝一周，与方城明楼的城台相连，组成一座方城。在四角还建有角楼，这是在明皇陵中未见到的。除沈阳二陵外，在辽宁新宾县还建有一座永陵，这是埋葬清太祖的父亲等远祖的陵地，规模较小。它与福陵、昭陵合称关外三陵，同属清皇陵系列。

清兵入关后对明朝的紫禁城没有毁也没有烧，而是接收为清朝廷所用，包括紫禁城左右的太庙与社稷坛，京郊四方的天、地、日、月四坛，但皇陵无法接收，所以朝廷进驻紫禁城后即开始筹建陵墓。公元1644年清朝廷入关时，顺治皇帝年方7岁，在位只有17年，就在这短短的十多年中，他亲自在京郊各地寻找陵地，最后选中在河北遵化县燕山脚下建造了自己的陵墓清孝陵。孝陵承袭明陵形制，前有牌楼、神道、碑亭，后有隆恩门、隆恩殿与方城明楼，最后为宝顶。孝陵之神道长达5公里，不但比关外的福、昭二陵的长，而且还超过了唐乾陵与明十三陵神道之

3.16 河北遵化清孝陵

长，道两侧布置着18对石像生。这条神道也成为清东陵多座皇陵共有的陵前之道。

清康熙帝也在孝陵建景陵，到清朝入关后的第三任帝王雍正帝，他的陵墓原亦选在景陵之侧，但他认为，此处土质欠佳，风水不好，命令下臣另寻墓地，结果在京城之西河北易县泰宁山下寻得风水宝地而修建了泰陵。从此皇陵分据东西两处。此举违反了“子随父葬”的祖训，雍正帝特让属下制造了东西二陵，离京城不远，可谓并列神州的舆论。待乾隆皇帝建陵时，按“子随父葬”应选在西陵，但又怕如

3.17 河北易县清西陵入口

此下传，其结果是荒废了东陵。于是决定选葬东陵，并立下规矩，其子之陵选在西，其孙之陵选在东，形成父子陵分葬东西的格局。清朝廷入关后，自顺治帝至清亡共经十位帝王，除末代皇帝溥仪以外，陵地在东陵的有顺治、康熙、乾隆、咸丰、同治，在西陵的有雍正、嘉庆、道光、光绪。清朝皇陵制与明朝不同的是开始有皇后陵。朝廷有制，凡皇后死于帝王之前者可随帝王同葬皇陵，死于帝王之后者可另于皇陵之侧另建后陵，其形制与皇陵相似，但规模较小。另外，也允许皇帝嫔妃另建基地，称妃园寝。一座园寝中前有享殿，后院排列着埋葬同一皇帝的众妃嫔的圆柱形宝顶。因此，清东西二陵的陵区虽不如明十三陵区大，但其中陵墓总数则比明陵多。例如，清西陵有皇陵四座，后陵三座，妃园寝三座，其他如公主、王子墓四座，共计十四座。

东陵之裕陵，这是清乾隆帝的皇陵。乾隆在位60年，正值清朝政局统一安定，经济发展，国力充实之时，他与康熙、雍正祖孙三代共在位133年，占了清朝统一中国时期的一半，史称“康乾盛期”。这位盛期之王，不但在紫禁城内建造了留待他退下皇位时的住所宁寿宫建筑群，而且也细心经营他的死后居所皇陵。裕陵建造十年而成，地宫内除乾隆帝外，还有两位皇后和三位皇妃。裕陵地宫经考古发掘，里面的殉葬品因曾经被盗而损失一

3.18 清乾隆帝裕陵地宫

空，但地下宫室却保存完整。地宫全部用石料建造，石墙、石地、石料发券顶，连宫门的门扇都是用整块石料制成。地宫由明堂、穿堂和金券三部分组成，前后达54米。各室之间设有四道石门，在八扇门板上分别雕着一尊菩萨，门道券洞两壁雕有四大天王，走进主要宫室金券，四周墙壁满刻印度梵文的经文和用藏文注音的番文经书，梵文647字，番文29464字。两堵墙上雕有佛像和佛教八宝图案，金券拱形顶上雕有三朵大佛花，花心由佛像与梵文组成，外围有24个花瓣。可以说整个地宫除地面外，四周几乎满布石雕。乾隆帝很信佛教，死后将自己的地宫阴宅也布置成一座佛堂了。

清东陵还有一座普陀峪定东陵。定陵为咸丰皇陵，定东陵在其东侧，当为咸丰的两位皇后慈安与慈禧的后陵。定东陵建于同治时期，由隆恩门、隆恩殿、明楼、宝顶等部分组成，经6年建成，其规模在诸后陵中也算讲究的了。但两朝垂帘听政，掌握着朝廷实权的慈禧太后仍不满意，在她度过60岁大寿后下令将定陵地面建筑拆了重建，直至太后去世时才完工，前后经14年比初建时还费时长久。重建后的隆恩殿全部用楠木与花梨木建造，在大殿的梁枋、天花上不施色彩画、而在木料本色上用金箔绘制龙、祥云、植物、花卉等纹

3.19 清代定东陵大殿内景

样。在大殿内墙四壁镶嵌着贴金的雕花面砖，砖面上刻有“万字不到头”“五福捧寿”等题材的装饰。此座隆恩殿看上去也并不华丽，但在所用材料和装饰技艺上，都超过其他后陵，甚至比皇陵还要讲究。还值得注意的是此殿石台基上雕饰，台基四周围有石栏杆，栏杆由望柱与栏板两部分组成。在紫禁城主要大殿的石栏杆上均有石雕做装饰，栏杆望柱头上多用龙纹、凤纹，有的全用龙纹，有的龙、凤纹交替使用。在御花园钦安殿的栏杆栏板上见到用龙纹装饰，两条龙在栏杆上一前一后追逐着。但是，在定东陵隆恩殿的栏杆柱上，柱头全部用凤纹，柱身上刻着一条龙，龙头向上仰望着凤。在栏板上雕有凤在前、龙在后追凤的场面，大殿四周69块栏板的两面共有1378块龙追凤的石雕。在殿前上下台基的台阶中央是御道、紫禁城前朝三大殿前后两块御道上均雕有九条龙以象征真龙天子帝王专用之道，而在这里也变成凤在上、龙在下的石雕了。在这座大殿的石雕上也记载了清朝末期那一段特殊历史。

三、陵墓价值

概括地看，陵墓的价值表现

3.20 定东陵大殿前御道石雕

在以下三个方面，即陵墓建筑价值、艺术价值和墓中藏品价值。

（一）陵墓的建筑价值

首先是指陵墓成为中国古代建筑中一种类型。历代陵墓作为一种建筑群体，它的形制固然来自宫殿群体，例如前朝后寝的布局，但陵墓还是有其本身的特征，经过长期实践，使它形成了牌楼、碑亭、棂星门、陵门、陵殿、明楼、宝顶等组成的较为固定的形制，从而使中国陵墓

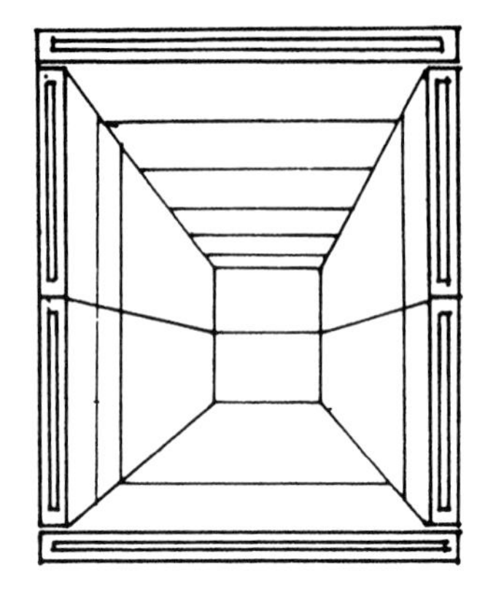

3.21 汉代墓室结构图

在世界各国古代陵墓中成为有鲜明特征的一种类型。其次，陵墓建筑的地宫部分为了保持坚固和耐久，多采用石料和砖材筑造，这样就使以木结构为主的中国古代建筑多了一种石结构建筑的类型。从已经发现的实例看，汉代的墓室除了少数仍用木结构，大多数墓，尤其是小型墓室，都采用大型石材建造。墓室的四壁、墙和地都用长条形的石材或砖材铺砌，其大小为长0.6—1.6米，宽0.16—0.5米，厚0.2—0.3米。其中砖材为空心，以减轻重量。砖材质脆，尺寸过长易折断，所以为了扩大墓室空间，墓顶由砖材平铺改为用多块砖材组合成多边拱形式，继而用小型砖发券而成墓顶。由大型砖改为小型砖作墓壁与墓顶，不但扩大了墓室空间，同时在技术上也是一种进步。河南密县打虎亭有一座汉代墓，地下墓室为砖石拱券结构，前、中、后三间墓室四壁皆用大石板砌成，表面上均有精美雕刻。宋朝商品经济得到发展，所以，除皇陵外，在各地出现了一批官吏与富商的墓室。这些墓规模不大，但制作精良。山西侯马有座董海墓，建于公元1196年，墓分前、后二室。前室为3.4米见方形，四周墙下设须弥座，四角有立柱，柱上有斗拱支撑着顶上八角形的藻井。室正面有两柱歇山顶的门楼一间，两侧墙上雕刻着孔雀与牡丹的装饰。在侯马郭牛村还有一座建于公元1201年的董明墓，前室正面用倚墙壁柱分作三开间，中央开间有墓主夫妇分坐于小桌两旁，手中各执佛珠与经卷，面目安详，略带笑容，小桌上还放着一丛花卉。左右开间雕有雕花屏风。屋檐之上有一歇山顶的小戏台，台上五位

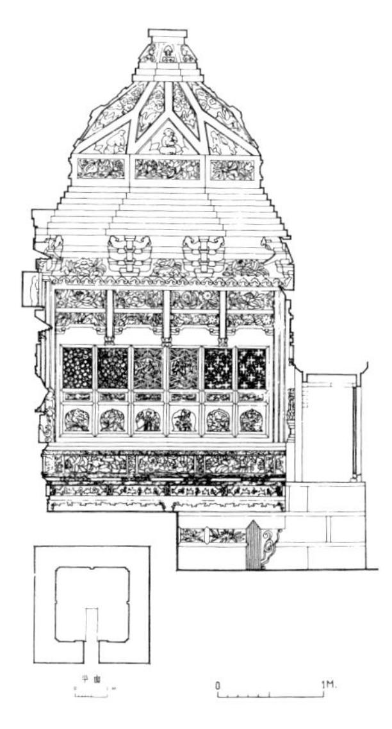

3.22 山西侯马董氏砖墓图

3.23 山西侯马董明墓墓室

3.24 北京明定陵地宫

彩色戏俑正在表演。侯马市这两座董海与董明之墓规模都不大，全部用砖材砌造，它们的特点都是用砖雕表现出墓主人生前的生活环境与生活状态。墓室如同由四面房屋围合而成的四合院住宅，在宋、金时期地面住宅建筑不复存在的情况下，这些墓室给我们留下了珍贵的资料。明、清两朝从已经发掘的几座皇陵来看，其地宫皆由石料建造，它们给后代留下了中国古代地下石构建筑的形制。

（二）陵墓的艺术价值

这里讲的不是陵墓的建筑艺术价值，而是指附设在地宫墓室石材、砖材上的雕刻和地上建筑群中众石像生等所具有的艺术价值。

在我国各地先后发掘出不少汉墓。这些汉墓中不少是由大型砖材与石材构建墓室的。为了美化死者生活的环境，多在这些砖、石露明的表面上雕刻装饰，所以将这样的砖与石称为“画像砖”与“画像石”。首先从这些画像砖、画像石装饰的内容看，都是当时为人们所熟悉的人物、动物与植物的形象，以及当时流行于社会的神话故事。例如人物中的文臣、武将，动物中最常见的是马，立马、奔马、跃马等各种神态之马。此外，也有鹿、豹和神话中的龙、凤、虎、龟四神兽，人类早期的伏羲、女娲等等。除个体形象外，还有不少

3.25 汉代画像砖上人物・兽类像

3.26 汉画像石上的渔猎图

3.27 汉画像砖上盐场图

是表现当时人们生产和生活的场面。一幅渔猎图，画面上有飞在空中的鸟，游在水中的鸭、水下的鱼，漂浮在湖面上的荷叶和挺立的莲蓬，两位农夫手持弓箭射向天空，地上的鱼鹰还等待着下湖捕鱼。一幅盐场图，描绘的是盐工在高高的井架上利用滑轮在提升井中的盐水，然后用锅炉将盐水炼成盐，盐井旁是堆积如山的成盐。一幅农耕图，刻画的是农夫们高举镰刀在收割稻谷，另

3.28 汉画像砖上农夫耕作图

一个农夫肩挑手提着饭篮将饭食送到田边。另一幅农耕图，刻画的是几位农夫在地里播种，有意思的是这几位农夫高举农具，动作整齐划一，如同舞蹈。可见，刻画者不只是客观描绘现实，而是在进行艺术创作了。在画像砖、画像石上还见有描绘普通百姓的游乐场景，如击鼓对唱，对刺、斗鸡、鼓舞，用简洁的画面将场景描绘得十分真实而生动。这些刻画在墓室砖、石上的众多画面，如同古代文献一样，使我们形象地认识了人们的劳动与生活，具有很高的史料价值。在这里还要同时提出的是这批画像所具有的艺术特征。首先在场景构图上的创意性。它并非严格按照人眼所见到的真实透视画面，它可以将要表现的诸种形象按立面的形式上下组合在一起。例如，在渔猎图中将飞禽、水鸭、莲荷、游鱼上下排列在一起，它们不分远近，而大小等同，甚至将

3.29 汉画像砖上百姓游乐图

水中游鱼画得比人体还大。其次是个体形象表现上的神态写意性。画像砖画像石上的图像多用平面的线刻和浅浮雕表现，还特别注意以简洁的手法去刻画出人物、动物的神态。在击鼓对唱中的人物，瘦小的人脑袋和躯体并不符合人体的比例，但他们的躯体动作却表现出了双人击鼓的舞姿。斗鸡中的两只斗鸡刻画出它们挺起的鸡尾，即表现出了在对斗中的发力，用简洁的线条勾画出斗鸡人的快乐神态。从这里可以看出中国传统艺术中那种散点式、全方位的构图，和注重神态的表现方法，早在汉代工艺匠人身上就已经表现出来了。

现在看陵墓建筑群地面上的石雕作品。墓前设置神道石像生的做法在汉朝已经有了，可惜的是，几座汉朝皇陵的地面建筑都荡然无存，但在汉武帝茂陵之东却留下一座霍去病的墓。霍去病为西汉名将，先后率兵出征反击匈奴，立下赫赫战功，去世时年方24岁。汉武帝特许在他的皇陵之东修建了墓冢。墓冢呈山形，象征这位将军征战之地的祁

3.30 汉代霍去病墓中马、象石雕

3.31 南朝王侯墓前石辟邪

连山。墓前两侧罗列有象、牛、马、猪、虎、羊等，寓意山林之盛。石雕中以马踏匈奴像最具有标志意义，其余各兽皆由整块石料雕成。工艺匠依据石料自然形态，运用圆雕、浮雕、线刻诸种技法，以极简洁手法表现出诸兽各具特征的神态。一块巨石，工匠不用透雕而用浮雕技法刻出马的躯体，表现出立马、卧马、跃马等各种不同的石雕。一头巨象只在石料上重点雕刻出具有特征的象头、象鼻子，即完成了石象的造型。这一批早期的石雕作品，再一次说明了，中国传统艺术重神态胜于形态的创作方法所具有的表现力。

江苏南京是南朝各国的都城，在南京附近各地散布着一批当年帝王、王侯、贵族的陵墓。在诸座王侯墓前都能看见留存下来的石碑、石柱和石兽。其中，以石兽最引人注目。石兽名辟邪，顾名思义，为辟邪镇魔、守护王陵之意。有学者认为辟邪应为以狮子是原型而创作的神兽。此类辟邪皆体型巨大，高达3米，用整块石料雕成，造型皆昂首挺胸，双眼凸出，张着大嘴，吐着长舌，四肢如柱立于地面，身上无毛发，双翼也只用几道线刻示意。身体各部分造型皆不合狮子的造型，却十分夸张地表现

3.32 陕西礼泉县唐昭陵六骏石雕

出了辟邪的威武神态。

陕西礼泉县西郊的唐昭陵为唐太宗李世民的皇陵，在陵前祭坛两边厢房内各置有三块骏马的浮雕石刻像，左右共六块，都是唐太宗生前喜欢的战马，后称“昭陵六骏”。石刻六骏或站立、或举腿、或四肢离地做奔腾状，线条简练，不作细部刻画，但骏马神态毕现，可称唐代雕刻精品。

宋、明、清时期皇陵前神道上石像生留存甚多，此类石人、石兽在形态表现上多重形似而缺神态，其艺术水平似不如早期石雕，但它们仍为中国古代雕刻发展史上不可缺失的部分。

（三）陵墓藏品价值

中国古人的生死观产生了厚葬制，因厚葬制而使无数陵墓深藏着各种各样的礼器、陈设、装饰品以及生活用品。秦、汉两朝皇陵至今尚未有发掘者，其中深藏的殉葬品不得而知，但汉代其他墓冢多有发掘。在这些墓中出土了大量陶制的房屋模型和碗、罐等生活用具，其中的房屋有住房、粮仓、猪圈、染布炉等等。尽管这些只是房屋的模型，但是，仍让我们看到了二千多年之前的建筑形象，当时不但有平房，而且已经有二、三层甚至

3.33 汉墓出土建筑明器

四层相叠的楼阁了，已经有两面坡的悬山式和四面坡的屋顶了，而且，屋顶的出檐和屋脊已经是微微起翘的曲线了，窗上有直棂形和十字交叉形的窗格。在汉代地面房屋至今已完全无存的情况下，这批出土陶屋具有十分珍贵的文物价值。

汉代以及春秋战国时期墓葬中出土了一批又一批的青铜器，它们大多数是当时的礼器，制作工艺特别精良。一枚薄薄的铜镜，一面光亮如镜，一面雕铸出各式纹样，无论是双鱼翻游于水浪中，还是各种动植物组成的纹饰，它们都布局紧匀，纹理清晰。战国时期出土的一件铜鉴，是为祭奠或宴请重要宾客时使用的。铜鉴为内、外双层，外为方形鉴，内套方形尊缶，鉴缶之间留空隙，冬季置炭火或热水于其中，夏季则置冰块而使缶中食物得以冰冷。铜鉴相当于现代的冰箱与烤箱。在铜鉴四面与四角各有一条攀附在鉴上的龙体作耳，龙的尾部还有一条小龙缠绕，并附有小花点缀。铜鉴四壁远观起伏不平呈麻点状，细看皆为花草饰纹，整体造型稳重而华丽。从铜镜到铜鉴都说明了当时的铜器铸造技术已到达的高度。早期的大大小小的铜鼎，一组一组的青铜编钟。这众多的古代礼器与铜器，从形式内容到技艺组成为中国特有的青铜文化。

汉代墓室中出土的两件玉辟邪又使我们看到了古代玉器的高超水平，前面讲到的南朝王陵前的石辟邪造型早在200年前的汉朝就已经形成了。这两件玉辟邪体量都不大，大的长17厘米，高12.2厘米，小的长仅

3.34 汉代铜镜

3.35 战国时期的铜鉴

6厘米，高2.4厘米，可能是供观赏或随身携带的饰物，但它们的形象却与南朝石辟邪一样，都是昂首挺胸，四肢有力，雕刻简练。有趣的是在一件玉辟邪的背上还站立着一只更小的辟邪，歪着脑袋远望他处。另一只小辟邪身上纵向围绕着一条玉龙和贴附着一只凤鸟。在汉朝，龙、凤、虎、龟已经形成了四神兽，它们具有神圣的象征意义，在这里将龙、凤二神兽与辟邪组合在一起，使辟邪更增添了神圣与尊严的象征意义。各地发掘的汉墓不少，不少墓室都有精美的玉器出土，一件双螭延年玉璧，虽然只剩下残品，但仍可见它工艺之精美，直径为15.8厘米的玉璧上满布乳钉。其上方用一对螭虎相互拥着“延年”二字，螭虎身上还有对翅。这对螭虎与“延年”二字均用透雕，在实体的玉璧上更

3.36 汉代玉石辟邪

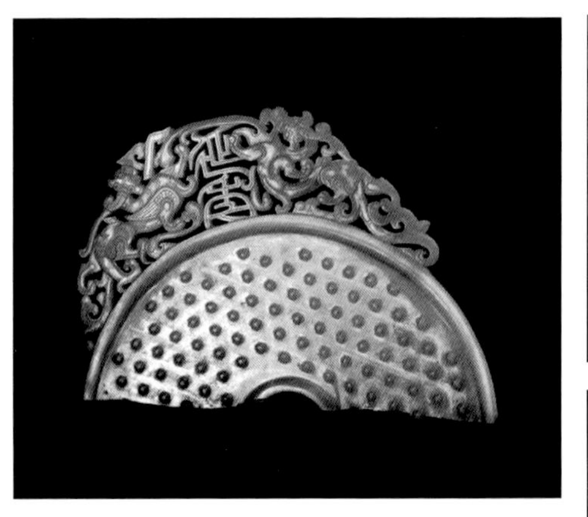

3.37 双螭延年玉璧

3.38 双鹰玉璧（上）、玉带人佩（下）

显玲珑。另一具双鹰玉璧直径只有7厘米，在环形璧身上用浅浮雕刻画出两只头对头、尾对尾的双鹰，造型完整简洁。一块双龙玉璜造型也极简练，双龙只有龙头的简单刻画，龙身只是一块弓形条状玉，表面匀布乳钉。另一块也是双龙玉璜，只是上下两块玉璜相叠，造型比前者丰富。一副玉带人佩同样具有极简练的风格。这块玉佩，高只有4.4厘米，宽2.2厘米，厚仅0.2厘米。舞者身着长袖服，一手挥舞长袖过头下垂，另一手叉腰，长袖下垂又上卷，身体扭向一侧，使人物有动态之美。古代精美玉器无数，无论是精雕细刻或是朴实简练，它们都表现出古代工艺匠的技艺水平。这些玉器如铜器一样，组成了中国古代的玉文化。

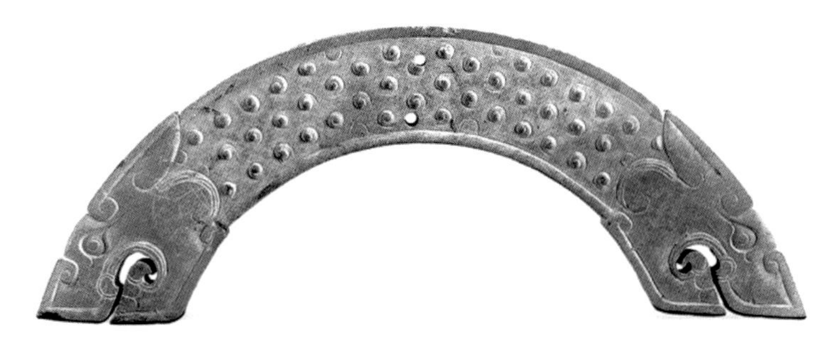

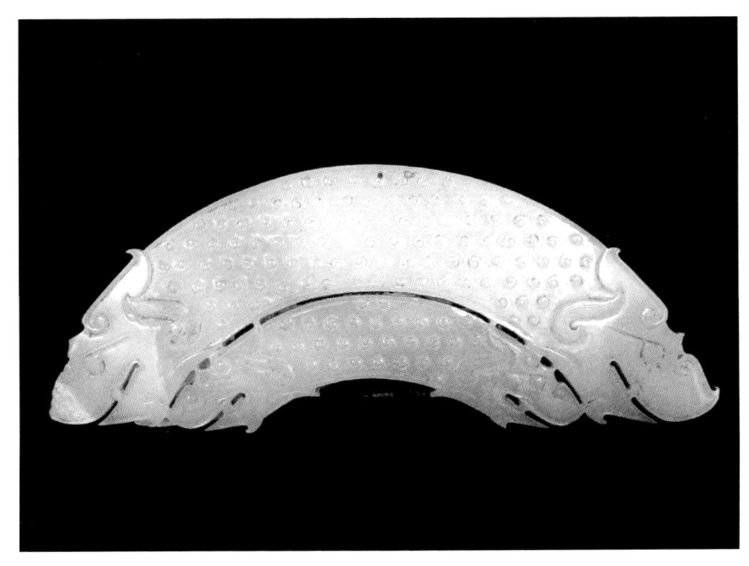

3.39 双龙玉璜

3.40 明定陵地宫出土的龙凤冠

中国数千年的历史，留下了多少座皇陵与墓葬，深藏着多少件稀世珍宝。一座明万历皇帝的定陵，地宫内就清理出三千多件文物，其中一顶皇后的六龙三凤冠，用金丝绕制出来龙，鸟羽粘制出来的凤，用珍宝编织出来的花卉。冠帽上有红蓝宝石128块，珍珠五千余粒。一顶冠帽重达2905克。今年江西南昌发现的西汉海昏侯墓，出土文物已清理出来的已经超过一万件。人们都知道中华民族具有五千年的文明史，何以为证，因为有大量古代文献记录在案，但文献只是文字，没有具体形象，恰恰是这些陵墓所提供的文物，它们展示的青铜文化、玉石文化、瓷文化、漆文化、纺织文化等等，编织成一幅灿烂的文明画卷，让中华民族光辉的文明史实实在在地立于世界文明之林。应该说这也是陵墓所体现的价值。

第四章

礼制坛庙
——中国古代坛庙

一、坛庙建筑的产生

中国古人在思想信仰上除宗教外，可以说集中在以下三个方面：一是自然界天地山川的信仰；二是祖先信仰；三是神明信仰。

人类生活离不开天地山川的环境，风调雨顺、五谷丰收，古人有了生活保障；久雨成灾、山洪暴发，或者赤地千里，颗粒无收，则百姓生活陷于困境。当古人还不能科学地认识这些自然灾害发生的原因时，自然也提不出有效的防御办法，于是产生对天地山川的敬畏之情，会感到冥冥之中仿佛天帝与山川之神在主宰世界，从而产生了对自然的崇拜。

中国长期的封建社会，国家与家族的世袭制，形成了重血统、敬祖先、齐家、治国、平天下的宗法制度，使祖先信仰成为一种传统的伦理道德。

古人除了个人生活会遇到生、老、病、死之外，还会受到社会的影响。中国长期封建社会的朝代更替，兵匪之患，福祸相依，变化无常，百姓掌握不了自己的命运，急迫需要神明的保护，这就是神明信仰的社会基础。

信仰、崇敬需要一定的礼仪，因此而产生了祭祀之礼。祭祀需要相应的场所，因而产生了祭天、地、日、月之坛和祭祖先、神明的庙。中国封建社会以礼治国，礼制规范了人们各方面的行为，当然也规范了祭祀之礼，因此坛庙建筑也称“礼制建筑”。

二、天地山川自然的祭祀

天、地、日、月、山岳、海河皆属自然界的神明。为了接近

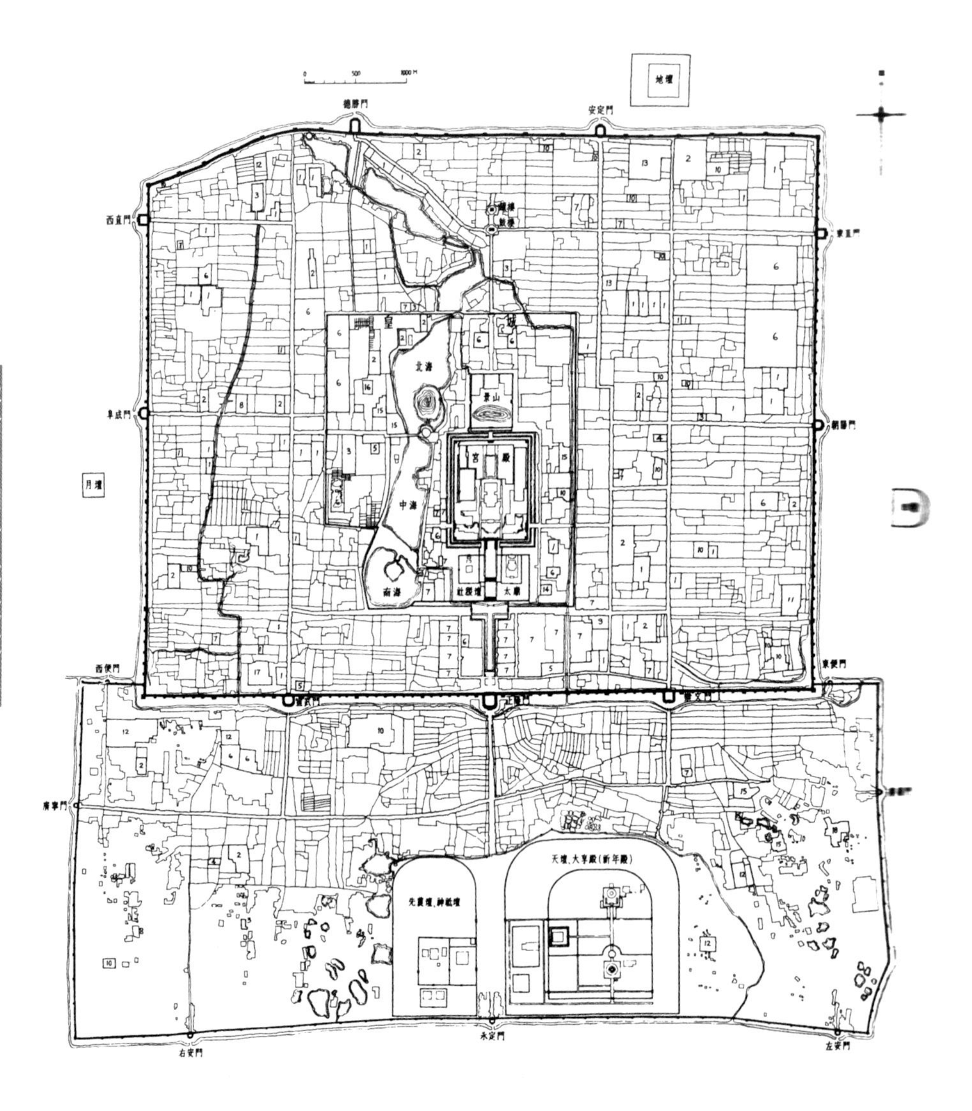

1.亲王府；2.佛寺；3.道观；4.清真寺；5.天主教堂；6.仓库；7.衙署；8.历代帝王庙；9.满洲堂子；10.官手工业局及作坊；11.贡院；12.八旗营房；13.文庙、学校；14.皇史宬（档案库）；15.马圈；16.牛圈；17.驯象所；18.义地、养育堂

4.1 清代北京城平面图

主体，多将祭祀的坛庙设置在城之四郊，所以称为“郊祭”。封建朝廷每逢皇帝或皇太后去世皆称国丧，每逢国之大丧，祭祀祖先等祭礼皆停止，唯郊祭不止，可见自然神祭祀之重要。

明永乐皇帝将国都由南京迁至北京，在建造紫禁城时也在京城的四郊建立了天、地、日、月四座祭坛，这就是城南的天坛、城北的地坛、城东的日坛与城西的月坛。其中以祭天的天坛最重要，因为皇帝自称为天之子，是受天命来统治百姓，祭天乃尽为子之道。

（一）北京天坛

天坛位于北京城之南郊，明朝中期加筑北京外城时才将天坛包围在外城之内，处于城之中轴线东侧，与先农坛东西相对。天坛初建于明永乐十八年（1420），后经明、清两朝相继修建，但建筑布局始终未变。天坛占地4184亩，约相当于紫禁城面积的四倍。天坛大门设于坛西，与中轴永定门大街相连，以便于由紫禁城出来的皇帝进行祭天。坛内建筑分为三类：一是祭

4.2 北京天坛平面图

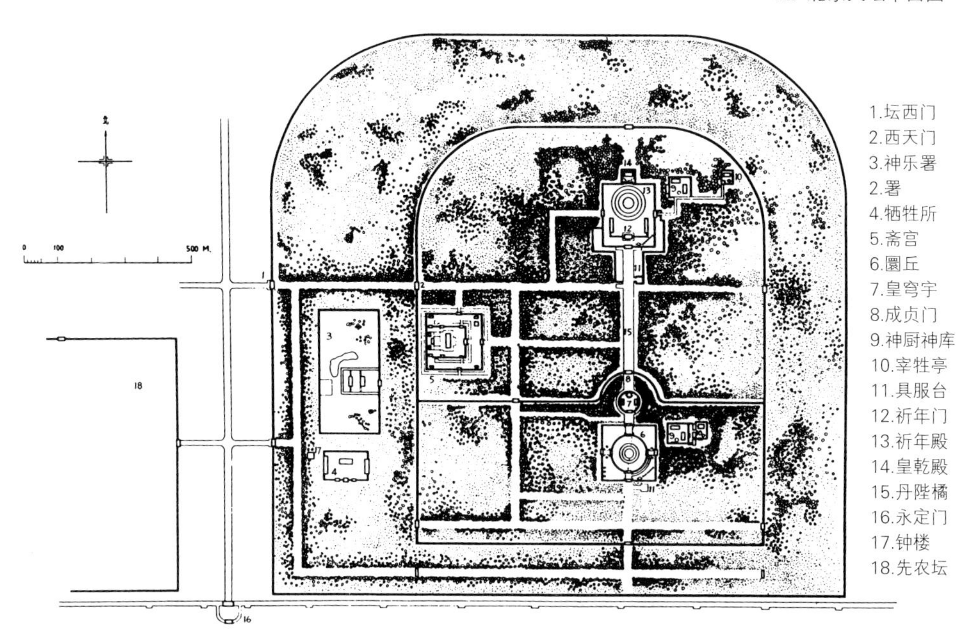

天的礼仪建筑，位于坛之中轴偏东；二是皇帝专用的斋宫；三是为祭天服务的神乐署、牺牲所、宰牲亭、神厨神库等，散布在坛的西部和礼仪大殿附近。

天坛斋宫是供皇帝在祭天之前居住的地方。每年冬至前一天，皇帝由紫禁城来到天坛，首先住在斋宫，在这里沐浴和斋戒，以清洁之身敬祀天神，所以它的位置在进坛门不远，大道之南侧，面积不大，但很重要。

行祭天礼仪的建筑由圜丘、皇穹宇、祈年殿三座殿堂组成。它们由南往北组成一条长达900米的中轴线，位于坛之偏东处。处于最南端的圜丘是帝王祭天礼仪的场所。它是一座三层石造的圆形坛，每层坛四周皆有石栏杆相围，在东、西、南、北四方各

4.3 天坛俯视

4.4 天坛圜丘
4.5 天坛皇穹宇内景

设有台阶上下。圆坛四周没有其他房屋，只有圆形与方形的里、外两道矮围墙。在围墙四面各设三座石造牌楼门以供通行。每年冬至皇帝在圜丘的圆坛上举行祭天之礼。祭礼选择在冬至黎明前，这时，设在坛前的灯竿上高挂称为望灯的大灯笼，里面点着高达四尺的大蜡烛。在坛前东南角的一排燎炉内用松香木燃烧牲畜与玉帛等祭品。一时间，香烟缭绕，乐鼓齐鸣，组成一幅神圣的祭天景象。

圜丘之北是一组皇穹宇建筑，主殿为一圆形小殿，殿内供奉昊天上帝神牌。主殿两侧有配殿，四周围以圆形院墙。皇穹宇之北有大道，直通中轴北端的祈年殿。此大道宽30米，长达360米。它的特点是道面高出地面4

米，故名“丹陛桥”。大道两侧满植松柏长青树，人行道上，两旁绿涛相衬，仰望蓝天，由南北行，仿佛步向苍天之怀。

处于中轴北端的是祈年殿建筑群。这是每年夏至节皇帝祈求丰年之场所。主殿祈年殿圆顶、圆身、圆台基，上有三层重檐屋顶，下座三层石台基之上，可见其规格之高。它坐落在庭院中央，形象宏伟而端庄，如今成了代表中华传统建

4.6 天坛丹陛桥

4.7 天坛祈年殿

筑文化的标志性建筑。

以上介绍的祭祀用三座殿堂、斋宫和服务性建筑，满足了帝王祭天、祭丰年的物质功能要求，但如何在建筑艺术上表现出这种祭祀天神的主题呢？在这里，古代工匠广泛地应用了多种象征的手法。首先表现在形象上。中国古人认为天是圆的，地是方的，天圆地方成了人们的常识。天坛平面总体是上圆下方；祭天主坛圜丘是多层圆形石台，围以方形院墙；祈年殿也是圆形的主殿和方形的围墙；祭祀用三座主要殿堂，石坛均为圆形；这种形象的采用当然不是偶然的。其次在色彩上，天蓝地黄，这是自然界告诉人们的常识，中国古代也将蓝、黄二色定为五种基本色彩之一。在天坛主要建筑中，祈年殿与皇穹宇的屋顶全部用的是蓝色琉璃瓦；在圜丘外围的方形围墙上也用了蓝色瓦。再次，在数字上也用了象征性手法。在前面宫殿建筑的章节里已经讲过，数字中的九是阳性单数的最大数，所以在皇家建筑的装饰中多用九个装饰以示其尊贵。在这里也如此。圜丘祭台最上一层，即皇帝行祭天之礼的地方，其地面中心是一块圆形石面，其外为九块梯形石围成一圈，第二圈即为2 × 9=18块梯形石相围，如此向外至第九圈9 × 9=81块石。祭台四周有石栏杆，由于有上下的台阶，所以栏杆分为四部分：在坛面最上层，每一部分的石栏杆各为九块；中层增至2 × 9=18

4.8 天坛圜丘坛面

块；下层又加至3×9=27块。上下三层坛面的台阶皆为九步。一座圜丘的上上下下用了如此之多的与九有关的数字。值得注意的是北京北部的地坛，祭坛因“天圆地方”而用了方形坛；天属阳性，地属阴性，数字中单数为阳，双数为阴，所以地坛为两层，上下台阶为八步。可见用这些数字绝非偶然。在占地4000亩的天坛内，除了少量建筑殿堂，几乎种满了四季常青的松柏树，蓝天、白石祭坛加上绿色树涛，营造出一种神圣、清洁的祭天氛围，从而使天坛成为中国古代建筑中的珍宝，它理所当然也被列入世界文化遗产名录。

（二）北京社稷坛

在《周礼·东官考工记第六》中讲到古代国之都城建设的规矩，“左祖右社，前朝后市”，说的是都城中的朝政宫殿居于城之中心，在它的左面（即东面）为太庙，右面（即西面）为社稷坛。明朝永乐帝重建紫禁城时即按此布局在宫城的东、西两侧分别建了太庙与社稷坛。北京社稷坛是现存唯一的一座古代实物了。社即土地，稷为五谷，在古籍《考经纬》中称：“社，土地之主也，土地阔不可尽敬，故封土为社，以报功也。

4.9 北京社稷坛

4.10 社稷坛四周矮墙

稷，五谷之长也，谷众不可遍祭，故立稷神以祭之。”这座社稷坛占地360亩，主要建筑由戟门、拜殿、社稷坛组成，由北而南依次排列在中轴线上。社稷坛为方形，边长15米，高出地面约1米，四面中央设四步台阶供上下，坛面之上铺有五色之土，按古代阴阳五行之说，左为青色，右为白色，前为朱色，后为黑色，黄土地之色居中。这些不同颜色的土皆采自全国各地，以此表示“普天之下，莫非王土”，象征着封建帝王一统天下之威望。土坛外围四周设有方形矮墙，墙身表面也分别贴有青、白、朱、黑四种色彩的琉璃砖，每面中央设有白石牌坊门一座。皇帝祭祀土地、五谷神之礼即在坛上举行，但遇到雨雪天即移至拜殿内举行，由北向南拜祭社稷，故称拜殿。

（三）山岳之祭

古人与山岳关系密切。早期古人以自然山洞为住所，吃的是野兽肉，披的是野兽皮，野兽生长于山林。当古人掌握了取火、用火之技后开始可以吃熟食了，可以用泥土烧制各种陶器了，使生活质量大大提高，烧火的薪木产自山林。人们由山洞中走出，开始在地面上建造住房，用的是木材和泥土，木材也取自山林。人类生活离不开山，自然对山岳产生了情感，产生了崇敬之心，由此而形成了对山岳之祭。但如同土地、五谷一样，中国名山众多，不可能遍祭，通过历史的筛选，到汉武帝时，按古代阴阳五行学说，将全国名山集中于五处，这就是东岳泰山（山东）、南岳衡山（湖南）、西岳华山（陕西）、北岳恒山（山西）、中岳嵩山（河南）。这五岳成了众山之首，历代帝王多至五岳行祭山之礼，因此在五岳之下都建有供祭祀用的庙宇，它们分别是山东泰山下的岱庙，湖南衡山下的南岳庙，陕西华山下的西岳庙，河南嵩山下的中岳庙，北岳庙有两座，一座在山西恒山下，另一座设在河北曲阳县。这是因为在汉武帝确定五岳时，将曲阳县的恒山定为北岳，到明朝末年又改拜山西浑源的玄武山为北岳，在山下新建北岳庙。明末之后的皇帝有时还在曲阳北岳庙内向山西恒山进行遥祭。

五岳之中又以东岳泰山最著名。以泰山之高不如北岳恒山，以山景之险不如西岳华山，论山体景观之美不如安徽的黄山，泰山之著名全在于它受皇帝亲临祭山的时间最早和次数最多。据文献记载，早在春秋战国时期（前770—前221）周王即对泰山进行了隆重的祭祀。之后，秦始皇、汉武帝都先后去过泰山祭祀。汉武帝一人就去过泰山七次。帝王

4.11 山东泰安泰山

4.12 泰山下岱庙

祭祀泰山最隆重的形式是封禅大典。据《白虎通义》解释为：“故允封者，增高也，下禅梁甫之基，广厚也……天以高为尊，地以厚为德。故增泰山之高以报天，附梁甫之基以报地”。帝王来此祭山，要亲登泰山之顶筑台祭天称为“封”；再到泰山附近的梁甫山设坛祭地称为“禅”。同一朝代的每一位皇帝在位时都要到泰山行封禅之礼，以求江山巩固之长久。正因为如此，在泰山及其山下岱庙中留下了众多的碑刻墨迹，从而使形态并不出众的泰山具有了比其他诸岳更为丰富的人文内涵，被联合国教科文组织列入世界文化与自然遗产的名录。

三、祖先祭祀

在以礼治国的中国古代，礼制制定了上自君主、下至百姓各种行为的规范，对于祭祀祖先这样重要的活动当然有严格的制度。在《周礼》中规定："古者天子七庙，诸侯五庙，大夫三庙，士一庙，庶人祭于寝"。天子祭祖的七庙分别是父、祖父、曾祖、高祖、始祖，再加祭祀远祖的二庙；诸侯祭祖将祭远祖的两庙取消，剩下五庙；由诸侯逐级下降至士，只允许有祭祀父亲的一座庙了。当然在这一座庙内也可以祭祀父辈以上的祖先，而庶民百姓则只能在自己家里祭祖而不许设庙。

（一）北京太庙

太庙是皇帝祭祀祖先的场所，如今留存下来的只有北京太庙这一座了。北京太庙建于明永乐十八年（1420），与紫禁城同时建成。按照"左祖右社"的古制，太庙位于紫禁城前端之左（东面），与西面的社稷坛呈左右并列之势。太庙里外有三重院墙，主要建筑群位于中央偏北，组成长方形的院落。沿着中央轴线，由南往北分别有第二道院墙上的琉璃门、第三道院墙的戟门，然后是享殿、寝宫与祧庙

4.13 北京太庙平面

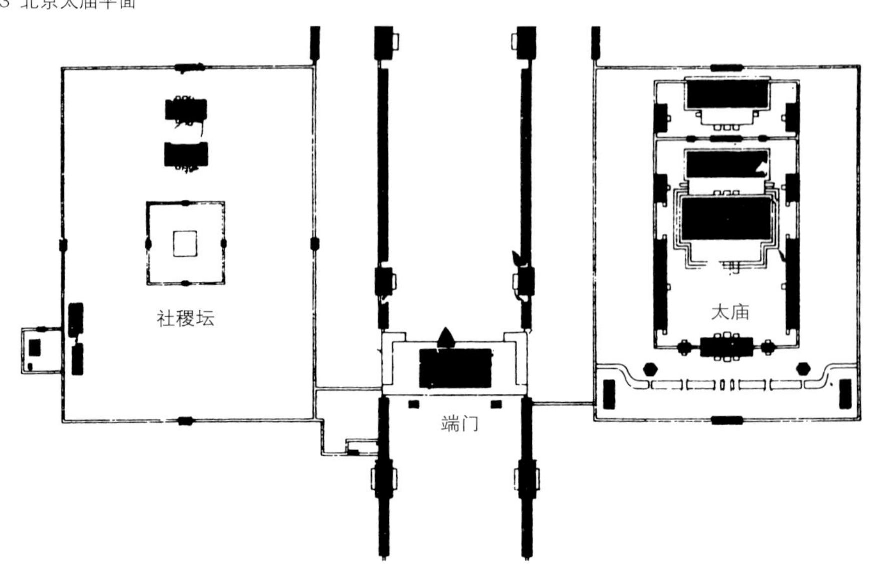

三座主要殿堂。中轴线两侧有神库、神厨等配殿，戟门之外还有两座井亭分列左右。

享殿又称正殿，是皇帝祭祀祖先的地方。每当祭日，将供存在寝宫的祖先神牌移至享殿内，皇帝在此举行隆重的祭拜之礼。享殿面阔11开间，上覆重檐庑殿黄色琉璃瓦顶，下坐三层白色石基座，其规格相当于紫禁城的太和殿与明长陵的祾恩殿。其后的寝宫是平日供奉祖先神牌的地方，其规模自然小于享殿。最后的祧庙是供奉皇帝远祖神位的地方。清朝进入北京后，将满清在东北时期的几位君主皆追封为皇帝，并将它们的神位供奉在庙内。太庙中心主要殿堂的庭院内部不植树木花草，而在二道院墙之外广植长春柏树，如今经五百年沧桑岁月，古柏成林，形成一种极为神圣、肃穆的环境。

4.14 太庙享殿
4.15 太庙庭院

（二）祠堂

礼制规定的“庶民祭于寝”实行了很长时期，直至明朝才开始允许庶民建宗祠。在《明会典·祭祀通例》中规定了这类宗祠的功能是“庶民祭里社、乡厉及祖父母、父母，并得祭灶，余皆禁止”。百姓总算有了专门祭祖先的庙宇，称之为“祠堂”。到清朝，各地祠堂大量出现，尤其在农村分布更广。

祠堂的功能既为祭祖，因而出现了比较规范的形式。在浙江、安徽、江西、广东等地区的祠堂多采取传统建筑合院式的形制。主要建筑处于中央轴线上，前为大门，中为享堂，后为寝

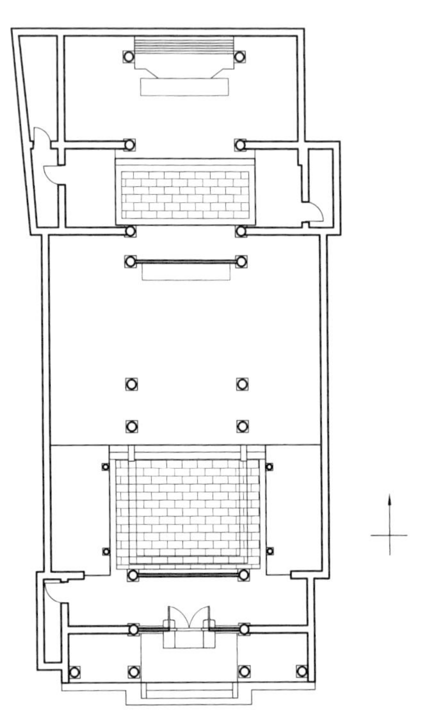

4.16 广东东莞南社村祠堂

室，中轴两旁有廊庑相连，组成前后两进院落。享堂为举行祭祖礼仪的厅堂，寝室是供奉祖先牌位的地方。这样的布置和功能几乎与皇帝祭祖的太庙一样，只是规模小，祭祀时不必将寝室的祖先牌位移到享堂，只需将享堂与寝室之间的门打开，在享堂中面向寝室祭拜就可以了。

中国长期的封建社会，实行的是宗法制度。在农村，广大农民以农耕为业，固守在四周的山川土地上，代代相传，形成了一个个同姓家族的血缘村落。在这些村落中多由一位年龄大，并且有名望的长者担任族长，实行对族民的管理。明、清两代朝廷任命的地方官员只及于县级，县以下实行的是里社制和保甲制。农村中的保甲长均出自本村农民。朝廷通过保甲实行征收粮钱赋税、派遣劳役、治安管理等等。但是所有这些皆离不开宗族的参与，所以在广大农村朝廷管理与宗族管理可以说是密不可分，在不少地方甚至是合二为一的，宗族管理代替了朝廷管理。正因如此，作为宗族的中心祠堂除了祭祀又延伸出多项功能。清雍正皇帝在《圣谕广训》中将它归纳为："立家庙以荐烝尝，设家塾以课子弟，置义田以赡贫乏，修族谱以联疏远。"雍正皇帝在这里说的当然是家族应该做的事，但是这些事都与祠堂有关系。有的农村，读书的私塾就办在祠堂里；家族义田收的义粮也存放在祠堂内。修续族谱是一件很隆重的事，要聘请有知识、有威望的族人担当续谱，并且在祠堂内举行专门的续谱礼仪。

一个宗族为维护它的稳定与繁盛，多立有自己的族规族法。某一地区的《范氏族谱》中写有"宗禁十条"："禁抗欠钱粮""禁毁弃墓田""禁违逆父兄""禁冒犯尊长""禁立嗣违法""禁詈骂斗殴""禁寓留盗匪""禁赌博造卖""禁奸淫伤化""禁健讼匪为"。这十禁之中，既有遵守朝廷赋税制度，维持传统伦理道德，又有禁止嫖赌、欺诈等多方面的内容。如果族人违背了族法族规，祠堂又成了处罚族人的法堂。浙江武义郭洞村的何氏族谱记载着：有一不肖子孙与其嫂通奸被族人发现，由众族长在何氏家族祠堂内作出决定，将不肖子孙绑来，在祠堂前被活活烧死。在其他地区的族规中也规定凡有触犯族规者，多在祠堂前打板子并关在祠堂内若干时日。

当然，祠堂并非只是祭祀和处罚的法堂，它也是族人节日聚会的场所，在不少地方的祠堂内都建有戏台。戏台位置多连在门厅之后，面向享厅，每到春节、中秋等传统节日，宗族都要请戏班子来祠堂唱戏，面对着祖先牌位，而台下坐的、站的都是村里族人。台上唱的是传统戏曲，宣扬的是封建的伦理道德，台上台下热热闹闹，既能寓教于乐，又起到聚合族人、以联疏远的目的。

由此，祠堂在农村成了政治与文化中心，在城市也成了显示家族势力的标志，从而使祠堂建筑不仅规模加大，而且越建越讲究。在这里以广东广州的陈家祠堂和安徽绩溪龙川村胡氏大宗祠为例，通过这两座分别位于城市与乡村的不同祠堂来进一步认识祠堂的形态。

1.陈家祠堂。在广州的陈家祠堂是广东全省七十二县陈姓氏族总祠堂，因为祠堂内办有书院，所以又称陈氏书院。在祠堂内还可以接待广东各地来省会参加科举考试和办事的陈氏族人。陈姓氏族在广东既有担任官职，也有从事商贸业的，有的还远赴海外谋发展者，所以可

4.17 广东广州陈家祠堂大门

4.18 陈家祠堂聚贤堂

4.19 陈家祠堂正厅内景

以称得上是颇有财势。他们努力将这座祠堂建造得规模大而讲究。祠堂建于清光绪十六年（1890—1894），经四年建成，占地13200平方米。建筑前后三进，左右三路，有九座后堂、10座厢房以及廊子组成前后左右六个院落。它们的外围面宽、纵深均为80米。其中最主要的建筑处于中路，前为门厅。面阔五开间，中央开间为出入的大门。两扇黑漆板门，上面画着彩色的门神。中为聚贤堂厅，也是面阔五开间，共27米，进深三开间，加前后檐廊共16.7米。这里是供族人聚会、议事的地方。最后是正厅，开间面阔、进深都与聚贤堂相同。在大厅后墙柱间立着五座龛罩，罩下供奉着陈氏祖先的牌位。在中路中轴线上的三座厅堂布局与北京太庙和各处的祠堂并无区别，因为它们的主要功能都是祭祀祖先，只是厅堂大小有所不同。在中路的前后三座厅堂左右两侧都有一座三开间的小厅堂，它们也都是前后三座同处于一条轴线上，组成为左右两路建筑群。在中路与左右两路之间有廊屋相隔，将前后厅堂之间的两进庭院分隔为六个院落。在整个建筑群体的左右外侧是一排厢房，这是供族人子弟也就是陈氏书院学生读书的地方。像这样前后三进、左右三路规模的大型祠堂在其他地区的确很少见到。

陈家祠堂不但规模大，而且在装修及装饰上都做得十分讲究。在这里，工匠用了木雕、石雕、砖雕、泥塑、陶塑等各种装饰手段，将祠堂打扮得十分华丽。

木雕。祠堂中路的三座厅堂的檐柱虽然用的是石柱，但厅堂结构仍是木柱、木梁的木构架。厅堂内梁架全部露明，这里的梁

4.20 陈家祠堂格扇上木雕

枋不像南方江浙一带的祠堂多用弯月形的月梁，而采用平直的梁枋，但是在梁枋两头多雕有龙头作装饰，而且将梁与柱接头处的雀替或梁托都满布雕饰，用各种动植物的形象以高浮雕、透雕的手法将它们做得像一件件木雕艺术品，悬挂在厅堂的空中。除梁枋之外，在正厅后壁五座龛罩上和左右两路的厅堂金柱之间都有花草的装饰，罩上满布着缠枝葡萄、仙鹤等动物组成的木雕。在门厅和聚贤堂柱间的格扇是木雕集中的地方。一排排的格扇，在格心部分是透空的木雕，远观布局，构图相同，但近看内容多不一样。裙板上多数用的是博古器物，博古架上陈列着古鼎、古瓶，瓶中插着四季花卉，体现祠堂又兼为书院的性质；也有用竹节绕成“福”字等内容的装饰。值得注意的是这些格扇的边框也做得十分细致，窄窄的边框上有连续的回纹等纹饰。格扇不施彩色，只罩了一层清漆以保持木材本色。在“聚贤堂”这块匾额的边框上同样都雕满了细致的花饰，在厅堂屋檐下的长条遮檐板上也布满木雕。可以看出，工艺匠是将这些格扇和匾额、檐板都当作一件件艺术品去进行创作的。

石雕。祠堂各座厅堂的檐柱

4.21 陈家祠堂石料立柱、梁枋

4.22 陈家祠堂大门抱鼓石
4.23 陈家祠堂石柱础

和柱上梁枋为了防止雨水和潮湿气候的侵蚀，都用石料制作。以门厅为例，五开间六根石柱，方形柱身，四角有讹角处理，柱身下的柱础很有特点。柱础的作用一是不让木柱子与地面直接接触，以防止地中潮气侵蚀木材；二是可使柱子承受的重载较均匀地传至地面，所以柱础都为石材，而且面积都比柱径略大。但是在这里，石柱础束腰部分的直径却反比柱径小，从而使房屋结构显得十分轻巧，这样的做法不仅在陈家祠堂，而且广东其他地方的许多祠堂中都能见到，它已经成为广东地区的一种风格了。石柱子上方架着石梁、石枋，它们的造型既非平梁又不是月梁，而且中段平，只在两头略降低，可称谓折拱形的梁枋，在梁枋垂直面上附有凸起的浮雕装饰。梁枋之间的柁礅也是石料制作，石头狮子既起到柁礅作用，又有守护大门之意。门厅大门两旁的门枕石是两只高达两米的石鼓，坐落在石座之上，既神气又精致。石雕又一表现之处是石栏杆与石台阶。中路聚贤堂之前有一月台，四周围有石栏杆；在左右两路厅堂的檐柱之间，除中央开间外，也设有石栏杆。石栏杆的形制多为在望柱之间安设石栏板，上有扶手，中有栏板，下为地栿，而雕饰多集中在望柱头和栏板两部分。陈家祠堂的石栏杆总体造型也是如此，但栏杆上的装饰却颇具特征：首先，栏杆扶手采用了折拱形，也许是为了与柱上的折拱形梁枋取得一致，而且扶手表面雕满了凸起的花饰；在扶手以下的栏板和地栿表现也同样如此。更有甚者，在聚贤堂前面月台四周的栏杆上，连望柱柱身上也高雕起伏，而且将栏板换用金属构件，上面有成幅的透雕画面。普通的栏杆在这里也变成一件件石雕作品了。石雕还表现在台阶上，广达三间的台阶显得过长，中间用垂带加以分隔，在这里，石条代替了垂带，石条由回纹组成，前端是蹲着的石狮子，既守护着厅堂，又显得活泼而有生气。

砖雕。陈家祠堂的砖雕装饰应用不如石雕那么广泛，它集中表现在砖墙部分，但由于位置集中，制作精良，所以装饰效果十分显著。来到陈家祠堂，未进大门就能见到在门厅西侧东西两路的厅堂后墙上各有三块大型砖雕，中央大，两侧略小，并列在墙上。大者高2米，宽4.8米，东墙上雕的是“刘庆伏狼驹”的历史故事，西墙雕的是《水浒传》中梁山泊英雄好汉汇集于聚义厅

4.24 陈家祠堂石栏杆

4.25 陈家祠堂砖雕装饰

的场面。两幅砖雕都有30余位人物出现在亭台楼阁之间。工匠对这些人物和建筑都刻画得十分细致，人物身上服饰的衣折、帽冠上的花饰、人物面部的表情，建筑屋顶的瓦陇、柱头，梁枋上的雕刻，都表现得很细腻。在技法上中心部分用深浮雕和透雕，四周边饰用浅浮雕，从而使中心主题很突出。东西砖墙上其余四块砖雕面积略小，表现的是凤凰、飞鸟、柳树、梧桐等动植物，还配以名家的诗词书法，雕法也很精细。六块大型砖雕贴附在砖墙上，极大地提高了祠堂建筑的艺术表现力。除此之外，在九座厅堂两侧山墙的墀头上也有砖雕装饰。面积不大的山墙头，上面布满植物花卉的装饰纹样和由人物、建筑组成的场景，用高、低

4.26 陈家祠堂砖雕装饰

浮雕和透雕手法将山墙头打扮得十分热闹。

陶塑与灰塑。陶塑是将泥土塑造成各种装饰形象，然后进窑经高温烧制而成陶器，将它们安装在建筑上。灰塑是用石灰直接在建筑上塑造出各种装饰形象。广东石湾是陶塑的传统生产地，其产品外表涂琉璃釉彩，可以烧制出黄、绿、褐、蓝等各种色彩的构件，深受各地欢迎。陈家祠堂采用这种陶塑，将它们烧制成各种人物、动物、植物，然后拼装在九座厅堂，两条走廊的11条房屋正脊之上成为一条条色彩缤纷的花脊。中路的聚贤堂位置居中，它的正脊也最突出，屋脊长27米，脊高2.9米，加上脊下的基座，共高达4.26米。全脊由众多建筑立面相连而组成一条商街，房屋前有上百位各式人物，细观这些建筑多为中国和西方建筑混合之形式。广州地区沿海，很早即开通了对海外的经商贸易，不少广东人外出打工、经商，其中当然也包括陈氏家族的族人。他们在海外拼搏赚了钱回家乡置田地、修祠堂，所以在聚贤堂的屋脊上出现一条中西混合的商街应该不是偶然的。在祠堂厅堂、廊屋屋顶的垂脊等小脊上多用灰塑装饰，由工匠直接用石

4.27 陈家祠堂屋顶陶塑装饰

灰在脊上堆塑装饰形象，待其干燥后再涂以色彩。这些装饰多为工匠在现场即兴创作，虽脱离不了传统内容，但形式丰富而生动。十多座厅堂、廊屋的屋脊，纵横交错，仿佛天空中的彩龙，将祠堂打扮得五彩缤纷。

刻花玻璃。玻璃用在建筑门窗上还是明朝以后的事，陈家祠堂在用作族人子弟读书的厢房上都用了全玻璃的窗户。窗上玻璃自然不需要密集的格条了，于是在整块玻璃上出现了刻花的装饰。在祠堂厢房窗上，在蓝色的玻璃上刻以透明的植物花卉图像，色彩清雅，既富装饰性又利于采光读书。陈家祠堂广泛地应用了木雕、石雕、砖雕、陶塑、灰塑、玻璃刻花等多种装饰表现了陈氏家族的社会地位与人生理念，同时也展示了广东地区民间建筑传统技艺的高超水平。陈家祠堂现为国家文物保护单位，也开放为广东民间工艺博物馆，集中陈列广东的各类民间工艺精品。这是对这座文物单位最好的利用，因为这座祠堂本身就是一件大型的民间工艺精品。

2.胡氏宗祠。在安徽绩溪龙川村的胡氏宗祠是该村胡氏家族的总祠堂，与广州陈家祠堂一样，也具有规模大和建筑讲究的特点。宗祠初建于宋、明嘉靖时期扩建，现挂于祠堂内的大匾“宗祠”上写的是明嘉靖二十五年（1547）对照现存的宗祠建筑，可以认定现在的胡氏宗祠建于明代，到清光绪年间又修缮过几次，所以祠内的部分格扇等装修有可能是清代的。

宗祠占地约1600平方米，祠前有广场。宗祠建筑由前后三进厅堂两侧廊庑、厢房组合成三进两天井，外形呈长方形的建筑群体。第一进为门楼，

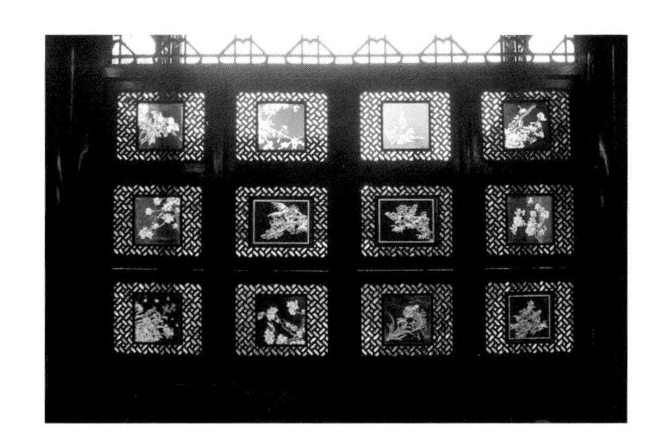

4.28 陈家祠堂厅堂玻璃窗
4.29 安徽绩溪龙川村胡氏宗祠

4.30 胡氏宗祠门厅梁枋

4.31 胡氏宗祠正厅梁架

正面为六柱五开间牌楼式，两侧附影壁，面阔22米，背面亦为牌楼式。第二进正厅为祭祀之厅，五开间，面阔22米，进深17米许。厅内高敞，立柱皆用银杏木制作。最后一进为寝楼，供奉祖先牌位之所。宗祠以木雕装饰著称，但它的木雕用得很有节制，集中用在梁枋和格扇这两个部位。门楼正面、背面的外檐梁枋表面满布雕饰，使普通的木梁，木枋显得很华丽。正厅梁枋皆采用月梁形、梁身不施雕饰，而只

4.32 胡氏宗祠厅堂格扇上木雕装饰

4.33 胡氏宗祠格扇上木雕装饰

将梁两端下方之梁托作重点雕装，使厅内显得简洁大气而不嚣华。在正厅、寝楼和两侧的廊屋、厢房的柱间多设有木格扇，这里成了木雕装饰的重点。在正厅两边的格扇裙板上雕的是莲荷，但每个格扇上的荷花、荷叶皆不雷同，并且还配以动物以示内涵。例如：荷叶下数只螃蟹，借谐音象征和（荷）谐（蟹）；荷叶下两只鸳鸯，象征夫妻、家庭之和合美满等等。正厅祭龛前格扇裙板上雕的全为鹿，鹿性情温驯，谐音有高官厚禄（鹿）之意。在寝楼及厢房的格扇上则雕的全是花瓶，瓶有方、有圆、有高、有矮。瓶中插有四季花卉，象征着四季平（瓶）安。所有这些内容都表现出胡氏家族所崇尚的伦理道德和人生追求，希望借祠堂这块圣地去教育、影响一代又一代的家族子弟。明清以来胡氏宗族的确也出了不少名人，如抗倭名将胡宗宪、名商胡雪岩、徽墨名家胡开文、学者胡适等。

如果以建筑及其装饰的风格而论，广州陈家祠堂显示的是争奇夺艳，生动而嚣闹；胡氏宗祠显示的是简洁大气，平和而素雅。这也正是两个地区不同文化心理的反映。

四、神明祭祀

中国长期的封建社会产生了广泛、多元的神明信仰与祭祀。在众多的神明中可以分为两类：一为现实的人物，由于他们对社会、历史作出了杰出的贡献而被人们所崇敬，进而被奉为神明；二为人们为生活需要而创造出来的非现实神明。

在名人神明中当以孔子为代表人物。孔子，春秋时期人，是我国古代著名的思想家、政治家、儒家学说创始人。在构建封建意识形态、伦理道德中，儒家成为中心的指导思想，因此孔子受到历代朝廷的崇敬，被誉为至圣。在全国各地普设孔庙以祭祀，其中当以孔子家乡山东曲阜的孔庙规模最大，地位最重要。曲阜孔庙始建于东汉，后经历代朝廷增建，至明朝中叶扩建成现存规模。现在的孔庙前有数道石牌坊作前导，后有大成殿作主要祭祀大殿，前后组成长达650米，由数屋院落组成的庞大建筑群体。大成殿面阔九开间，上为重檐歇山式屋顶，下有两层石台基，大殿前檐为十根盘龙石柱，其形制达到很高的等级。

另一位名人神明就是三国时期的关羽，字云长，三国蜀汉刘

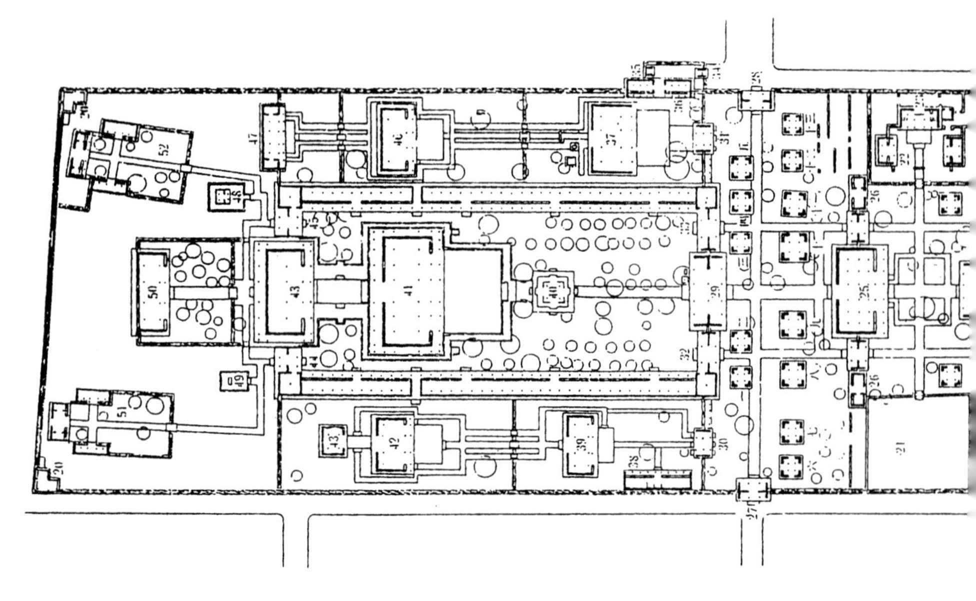

1.万仞宫墙
2.金声玉振坊
3.桥
4.下马碑
5.棂星门
6.太和元气坊
7.至圣庙坊
8.圣时门
9.道冠古今坊
10.德侔天地坊
11.阙里坊
12.仰高门
13.抉靓门
14.新建汉石人亭

15.璧水桥
16.弘道门
17.大中门
18.同文门
19.弘治图碑
20.角楼
21.明斋宿院旧址
22.斋宿所
23.驻跸厅
24.钟楼
25.奎文阁
26.执事房
27.观德门
28.毓粹门
29.大成门
30.启圣门
31.承圣门
32.玉振门
33.金声门
34.孔子故宅门
35.故宅门碑亭
36.礼器库
37.诗礼堂
38.乐器库
39.金丝堂
40.杏坛
41.大成殿
42.启圣殿
43.寝殿
44.右掖门
45.左掖门
46.崇圣祠
47.家庙
48.土地庙
49.燎所、瘗所
50.圣迹殿
51.神厨
52.神庖

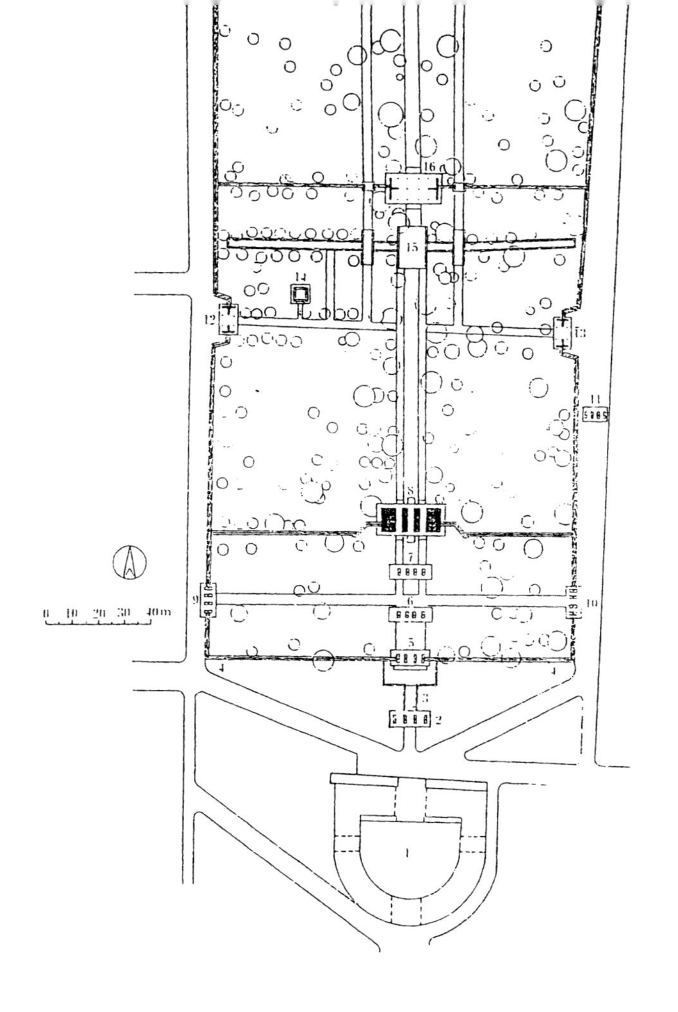

4.34 曲阜孔庙平面图

4.35 曲阜孔庙棂星门

4.37 安徽合肥包公祠

4.36 山西解州关帝庙

4.38 四川都江堰二王庙

备手下名将，武艺超群，累立战功，民间称为关公。元末明初的一部《三国演义》将关公描写得近乎神化。他不但武艺超群，而且特别讲义气。他对君忠义、对民仁义、对朋友情义、对贫民狭义，因此被称为“义绝”。这种忠于君主、讲求义气适应封建帝王之需，因而这位武将受到朝廷的重视，至明代被封为“协天护国忠义帝”。于是因为武艺高超而在民间被视为保平安之神明的关公，变为无所不保的万能神明，在城乡各地出现了大大小小无数的关帝庙以祭祀这位忠义帝。孔子主文，关公主武，这一文一武的文庙、武庙成为全国各地主要的神仙祠庙了。除此之外，蜀汉的丞相诸葛亮，宋朝爱国武将岳飞，惩治贪官、一生清廉的文臣包拯，修建都江堰为民谋利的李冰父子等等，这些受到广大百姓崇敬的人物在各地多有祭祀他们的祠庙。

另一类是长期的社会生活实践中创造出来的神明，如保护城池平安的城隍、保护土地平安的土地神、求子孙繁殖的娘娘神、祈求风调雨顺的风神、雨神等等。它们组成了中华大地上神明庙宇的系列。综观这些庙宇可以发现有两个普遍的特点：

4.39 浙江农村土地庙

4.40 浙江农村娘娘庙

一是这类庙宇分布广，地点随宜。例如土地庙为了方便百姓随时敬祀，地头、田间、路边、凉亭、路桥内皆设有土地庙者，甚至还在自家的宅门边墙上贴一幅土地神像，每日出门烧一支香以求得心灵之安慰。在城乡各地，尤其在农村，平地、山林甚至山洞之中、湖池水上皆能见到此类神庙。二是一庙供多神。在乡村有时见到有称“三教寺”的。所谓三教，即佛、道、儒。走进寺庙中可以见到观音菩萨、道教先师和孔老夫子三类尊像供百姓祭拜。这类一庙多神的现象表现在关帝庙中最有包容性。一座关帝庙，关公像居中，前有关平与周仓作护卫，然后在关公像的左右就可以供着财神与土地神。广东东莞南社村有一座规模不是很大的关帝庙，据记载在鼎盛时期庙内同时供奉着三十多座神仙，包括关公、土地、财神、娘娘、华佗、文昌等等。百姓到庙里祭拜有两种方式：一为遍祀，即按昭穆之制，从左往右，一尊神像一支香；二为有求而来的专祀，求身体康复的拜华佗神，求发财致富的拜财神等等。

中国古代长期的封建社会形成了从自然、祖先到各路神明的多面信仰，从而产生了庞杂的坛庙建筑，使之成为中国古代建筑中很重要的一种类型。

第五章

佛阁高耸
——中国古代佛寺

在中国古代，佛教与道教、伊斯兰教并列为三大宗教，但其中以佛教流行最广，信仰的人最多。佛教诞生于公元前6世纪至前5世纪的古印度，创始人是释迦牟尼。他本是北印度迦毗罗卫国的王太子，由于他深感人世生、老、病、死的苦难，在29岁时离家出走去寻找解脱之道，经六年的苦修静思，终于在一棵菩提树下悟道，继而行走四方传授道义而创立了佛教。佛教传入中国大约是在世纪之初的汉朝，传入之后很快就受到百姓的信奉和封建王朝的重视。朝廷组织专人传译经书，讲习教义，使佛教得到流行，并且逐渐与中国本土文化相融合而形成具有中国特色的佛教，在全国各地出现了大量的佛教建筑。据古文献记载，在魏晋南北朝，即佛教在中国传播的第一个高峰时期。南方的梁朝地区就有佛寺2800余所，北方的北魏有佛寺3万余座，使佛教建筑成为中国古建筑中很重要的一个部分，在留存至今的古建筑中，佛寺为数最多。

一、佛教石窟

石窟是在山崖壁上开凿的石洞，是印度早期佛寺的主要形式。印度的石窟有两种形式：其一为精舍式僧房，形为方形小洞，正面开门，其余三面开凿小龛，僧人坐于小龛中修行；其二为支提窟。此类山洞较大，在山洞的后方中央立着一座佛塔，众僧人在塔前集会拜佛。印度所以用石窟做佛寺，有学者分析其原因是印度气候炎热，而石洞凉爽；石窟地处山林，环境幽静，适宜僧人静思修行；加以开凿石窟比修建佛寺更为节省费用而且

5.1 印度佛教石窟寺

又坚固耐用。

随着佛教的传入，石窟作为佛教建筑早期形式也随之传入中国。中国的丝绸之路是古代一条中外商贸之路，也是一条中外文化交流之路，佛教也因此而传入，所以中国的石窟也先后出现在这条通道的沿途各地。目前已发现的石窟是在新疆的克孜尔，开凿于3世纪末或4世纪之初，石窟也是印度支提窟的形式，窟中央有一塔柱，窟中壁画上的佛像带有明显的印度艺术风格。另一处早期石窟就是甘肃的敦煌石窟。随着佛教向中原地区的传播，黄河流域也出现了一系列石窟。其中比较著名的有甘肃天水麦积山石窟、永靖炳灵寺石

5.2 甘肃敦煌莫高窟

5.3 甘肃天水麦积山石窟

5.4 山西大同云冈石窟

5.5 河南洛阳龙门石窟

窟、山西大同云冈石窟、太原天龙山石窟、河南洛阳龙门石窟、巩县石窟、河北邯郸响堂山石窟等等。唐朝是中国佛教盛行时期，佛寺大量增加，僧侣势力膨胀，不事生产、不交税赋的寺院经济对朝廷经济造成很大威胁，影响到封建政治的秩序，因而在唐武宗时实行了禁佛灭法，这就是历史上著名的“会昌”废佛事件，从而使中原地区的佛教受到打击，石窟的建设由中原转向南方，四川一带成了石窟的集中地区，出现了四川大足北山石窟、宝顶山石窟、云南大理剑川石窟、浙江杭州飞来峰石窟等。可以说石窟遍布大江南北，它们见证了佛教在全国各地的传播。

在众多的石窟中，开凿时间延续最长、洞窟数量最多者是敦煌石窟。敦煌位于甘肃省河西走廊的西端，是中国通向西域的进出关口，丝绸路上的重镇。来往的商人都要在这里歇息，出敦煌西行就步入茫茫荒漠。佛教很早就随商贸之路而传到这里，人们在进入沙漠之前需要烧一支香祈求佛主保佑平安，当平安回到敦煌又要对佛磕头，以谢保佑之恩。思想上的需要和经济上的有利条件使这里的石窟佛寺得到持续发展。开凿在敦煌地区的

5.6 重庆大足石窟

石窟数量很大，通常以敦煌市的莫高窟为代表，自前秦建元二年（366）开凿的第一座石窟开始至14世纪的元朝，延绵千年，共有石窟492个。经过几代敦煌学者的努力，查清了在这四百余座石窟中共有彩色塑像2000余身，壁画约45000平方米。它不仅是一处庞大的佛教石窟寺，而且是一座古代艺术的殿堂。它记录了外来佛教艺术与文化和中国本土艺术与文化相融合的过程。在敦煌早期北魏以前的石窟塑像与壁画中的人物身上，可以见到四肢粗壮、大眼睛、直鼻梁和薄嘴唇的面部和衣着印度、波斯形式的服装。但到北魏以后，这些人物塑像和画像却变得面目清瘦和肢体修长了，他们的衣装也变得中式化了。在敦煌石窟中，唐代开凿的最多，细细观察这一时期的佛、菩萨、弟子的形象，他们由清瘦单薄而变得丰满而生动，不少菩萨像都头戴宝冠、胸垂璎珞，肌体丰润，表现出一种女性之美，明显地表现出在人物造型上逐步汉化的过程。

在敦煌石窟的壁画中，除了有众多的人物、植物和房屋建筑的形象外，也能够看到许多装饰纹样。在早期的石窟内，可以见到火焰纹、卷草纹等一些随着佛教艺术传进来的外来纹饰，而中国铜器、玉器、漆器上常见的饕餮纹、夔纹、云纹、龙纹等一些传统纹样都没有出现。随着石窟的发展，可以发现这些外来的火焰纹、卷草纹的形态也逐渐起了变化，原来因为用石雕表现而显得僵硬的形象也变得柔和了，变得具有中国传统水波、云气纹那种行云流水般的飘逸风格了。以卷草纹为例，这是在壁画中最常见的一种装饰纹样，原来只是用简单的卷草重复排列而成装饰，后来逐渐与本土的植物花卉和传统的云气纹相结合，成为一种雍容华丽的装饰纹样，因为它成形于唐代石窟，因此被称为“唐草”纹。有学者将它称为中国古代装饰纹样的顶峰之作，被广泛地用在壁画、石碑等处，具有很强的装饰性。

人们一提到中国古代石窟，往往都以敦煌、云冈和龙门三大石窟为代表，这样看并不准确，因为还有不少石窟，例如甘肃的麦积山石窟、四川的大足石窟等都具有重要的价值，但以中国古代传播佛教第一个高潮的北魏时期来说，云冈与龙门两大石窟却有其代表性。

云冈石窟位于山西大同市西郊的武周山麓，公元398年北魏建都于平城，即今日大同。对于笃信佛教的朝廷来说，自然在都

5.7 敦煌石窟壁画中的卷草纹

5.8 卷草纹样
上：敦煌壁画中北魏时期；中：响堂山石窟石纹样；下：敦煌壁画中唐代纹样。

城汇集了一批佛教高僧，云冈石窟正是在这样的背景下产生的。石窟开凿始于公元460年，直至公元524年，朝廷迁都去河南洛阳为止，前后经60余年，沿着武周山东麓，连绵1公里，主要洞窟45个。因为是在石山上开凿洞窟，佛像皆为石雕，创作了不少体型高大的佛像。如在第十九窟中的佛像高达16.8米，第二十窟为露天大佛，高13.7米。这些造像不仅高大，而且都盘腿端坐，面貌庄严、沉静，有的还略显笑意，堪称这一时期北方佛像的典范。学者将云冈石窟的样式称为“平城模式”，对当时北方各地的石窟有重要的影响。

龙门石窟位于河南洛阳南郊的伊水东西两岸，沿着山峦开凿石窟，南北连绵1公里。北魏孝文帝将都城自大同迁至洛阳后，即开始石窟的建造，经唐、宋、金各朝，历时四五百年造窟不止，至今两岸共有大小石窟2345个，其中大型窟30个，其余为小型窟龛。其中规模最大的为奉先寺的卢舍那佛像。该窟开凿于隋唐时龙门石窟建造的高峰期，唐高宗时开始建造，武则天时期完成。此窟的建造是在山崖开凿出宽36米、深达41米的露天场地，再在崖体上雕出主佛像及其信

5.9 河南洛阳龙门石窟奉先寺

从。主佛像高达17.14米，两旁造有弟子像二座，菩萨像二座，天王及金刚像各二座。这八座雕像也都高达10米，主佛为盘腿坐像，其余皆为立像。由于工程巨大，光开凿露天场地就开出石料三万余方，费时三年九个月，为此武则天还捐出自己的“脂粉钱”两万贯，像成之后，还亲临开光仪式。

从云冈、龙门两石窟的佛像中可以看出，为了佛像更具神力，它的体型越造越大，并且还从窟内换至窟外，沿着山体凿造露天大佛。在各地所见佛像中以四川乐山凌云寺的佛像最大。此佛像造在岷江边的凌云山上，依山崖雕石而成佛，自崖底直至山顶，也即从佛足而至佛头，共高71米。佛的肩宽28米，佛鼻高5米多，佛的脚背上可同时站立数十人，世人称之谓：“山是一尊佛，佛是一座山”。自唐开元元年（713）开建，至唐贞元十九年（803）完成，历时90年，经历了四代皇帝。这座世界第一大佛原来在佛身外建有七层楼阁遮盖，明代一把火烧毁了楼阁，现在只有大佛屹立于岷江之畔。

石窟是进行佛教活动的场所，所以它的价值首先是表现在宗教意义上。如果从建筑方面看，石窟的价值不仅表现在它本身是中国古代建筑中的一种重要类型，而且还表现在从石窟的壁画和雕刻中可以见到许多早期的

5.10 四川乐山凌云寺大佛

建筑形象。从敦煌众多的壁画和其他石窟的石雕。绘画中尽管表现的多为佛经里面的故事情节，但同时也表现了古代城镇、宫室、寺庙、园林、住宅，使我们见到了那个时代的殿、堂、楼、馆、亭、阁和店铺、桥梁的形象。由于中国早期建筑留存至今的十分稀少，所以这些尽管只是间接的资料，也显得十分宝贵。敦煌莫高窟壁画中一幅描绘唐代五台山佛教胜地的图画，我国著名的建筑学家梁思成即以此为根据到五台山寻到了唐代建筑佛光寺的大殿，只可惜，在五台山图画中所描绘的当年众多佛寺的盛况如今已经看不到了。

二、佛寺、佛殿与佛山

佛教自印度传入中国后，由于传入的时间与传入所经过的途径不同，在中国形成了不同的派系，这就是流传在广大汉族地区的汉地佛教、流传在西藏等地区的藏传佛教和流传在云南西双版纳地区的上座部佛教，亦称南传佛教。以下所介绍的只是汉地佛教的佛寺与佛殿。

（一）佛寺

相传在东汉永平七年（64），汉明帝派遣官吏赴西域求法，当他们陪同天竺高僧驮着佛像与佛经回到洛阳时，朝廷将他们安置在城内的鸿胪寺内。鸿胪寺是当时专门接待外国来客的住所。第三年才另建住所，因为住的是外来客人，所以仍以寺相称。由于高僧一行来中国时用白色马匹驮着佛经、佛像，于是将此寺称为“白马寺”，这可能是中国最早的寺庙了。佛教在中国得到迅速传播，一时间来不及建造许多佛寺，一些官吏、富商为了表示信仰佛教的虔诚，纷纷将自己的住宅捐献出来作为佛寺，在当时被称为“舍宅为寺”。中国汉族地区的建筑，从住宅到官府多采用由多座单幢建筑组成为建筑群体的方式以满足各种需要，这些建筑围合成院，故称“四合院”。这种合院式的建筑已经有很长久的历史，陕西岐山凤雏村发掘出来的遗址为西周时期（公元前11世纪至前771年）建筑。这是一处完整的合院式建筑群体，前有大门，中为前堂，后有后室。它们排列在中央轴线上，两侧有厢房相围。因此有理由相信，汉朝的鸿胪寺与官吏、商贾的住宅也应该是这类合院式的建筑群体，但是这样的寺与宅能适应佛教进行佛事活动的需求吗？

佛教的佛事活动概括地讲可

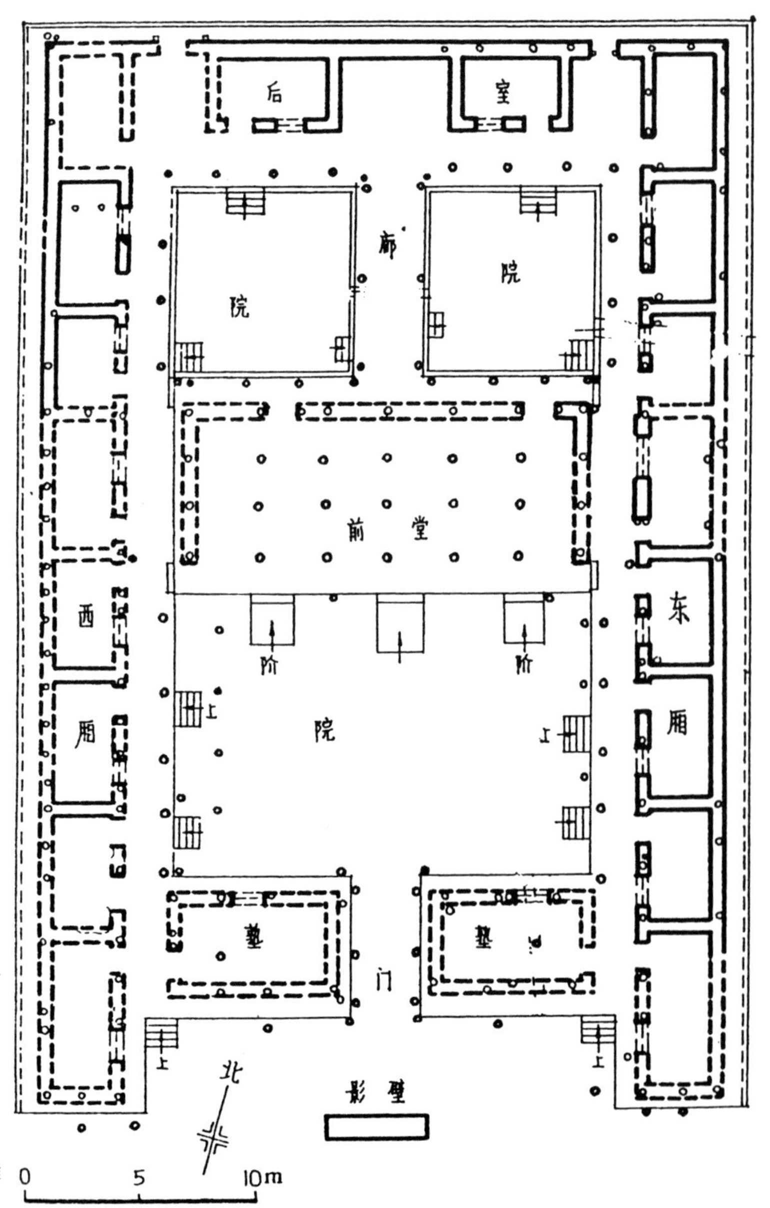

5.11 陕西岐山凤雏村四合院遗址

以归纳为三个方面：一为礼佛，二为弘法，三为僧侣生活所需。礼佛是佛事中第一大礼，众多僧人每日必须向佛主与菩萨不止一次地膜拜，点香磕头，心诚情致，这就需要供奉佛舍利的塔和供奉佛主、菩萨的大殿、厅堂。弘法使佛教得以传播四方，佛主释迦牟尼在菩提树下悟道后四方游学创立了佛教，佛主死后，他的弟子又不断向四方弘法使佛教得以弘扬。在寺中弘法需要有讲堂、法堂和存放经书的藏经楼阁。寺中僧侣需要工作的方丈院、修行的念佛堂、住宿的禅房、用膳的斋房等等。有意思的是中国传统的合院式建筑群体恰恰能够适应佛教这三方面的要求。就以陕西岐山发现的早期四合院建筑来说，大门之后的前堂位居于中央，正适宜作供奉佛主与菩萨的殿堂；而前堂之后的后室适宜作弘法的讲堂、法堂和藏经楼；中轴两侧的厢房可安置僧侣的禅房、斋房等。如果遇到僧侣多、寺院大，则可将僧人用房另辟旁院，安排为方丈院。这种在四合院之侧，附以旁院的做法，在各地官府和大型住宅中经常见到。我们从现存的早期佛寺，如河北正定北宋时期的隆兴寺、浙江宁波宋朝的保国寺中，都能够见到这样的布局。经过佛

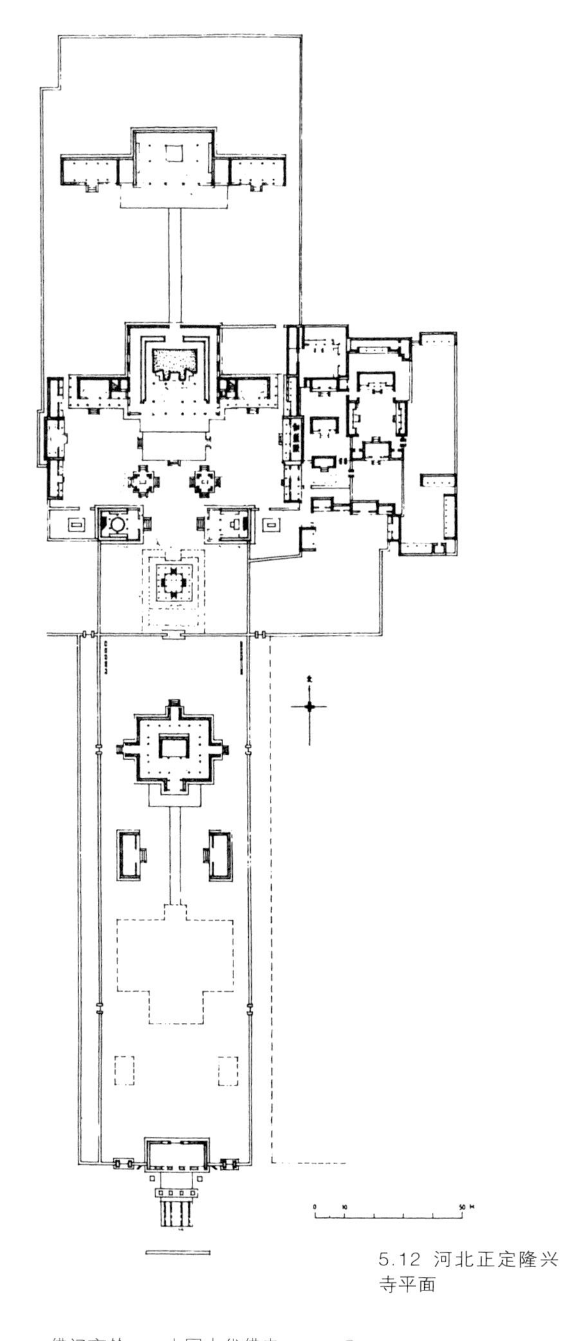

5.12 河北正定隆兴寺平面

5.13 浙江宁波保国寺俯视

教的传布，各地佛寺的不断兴建，这样的布局更为成熟。一座较完备的佛寺，前为山门，门后有天王殿供着守卫佛主的四天王；中央位置为供奉佛主、菩萨的大雄宝殿、观音阁；其后为法堂和藏经楼阁；禅房、斋房等位于两侧；有的寺院在山门之内的左右两边还建有晨钟暮鼓报时用的钟楼与鼓楼。这样一组主要建筑排列于中央轴线之上，次要建筑位居两侧，组合成一规则院落式建筑群体，成了中国佛寺的一种模式。由域外传入中国的佛教找到了一种适宜的佛寺形式，中国传统的四合院也接纳了一个新的用户，佛寺就这样一座又一座地出现在中国的土地上。

（二）佛殿

在敦煌石窟中有两种类型的礼拜窟：一种为中心柱窟，即在石窟中心立有一佛塔，佛徒围绕塔四周礼拜；另一种为方形覆斗顶形石窟，窟中后壁立佛像，或者在正、左、右三面皆立佛像，像前有较大空间供佛徒礼拜。这两种形式皆源自印度佛教石窟。当这种形式移至佛寺，则中心塔柱变为寺庙中心位置上的佛塔。例如北魏洛阳永宁寺和辽代山西应县佛宫寺都是一座木塔位居于寺庙中心。当有了佛像之后，中心位置的塔即让位给供奉佛像的佛殿了，所以佛殿就是供奉有佛与菩萨像的大殿。中国传统形式的殿堂完全可以适应礼拜佛像的要求，如同石窟一样，将佛与菩萨像立于殿堂后壁，面朝殿门，像前留有空间供礼拜之用。有的正对殿门，中央一座佛像，两侧站立着佛的弟子和菩萨像，有的并列着三座三世佛像，它们分别为现在世的释迦牟尼佛、过去世的迦叶佛和未来世的弥勒佛。有的供奉的佛像更多，如山西五台唐朝的佛光寺大殿，殿内靠后墙有一宽及五间的佛坛，坛上中央有释迦牟尼、弥勒和阿弥陀佛，两旁有菩萨、供养人、金刚像，甚至将建造大殿的主持人和女施主的塑像也并列在坛上，共计近35座之多。

佛殿里的造像和石窟中的造像一样，体型越造越大，但是这里的造像大多数为泥塑或木雕，少数为铜铸造。它们不能像石刻造像那样由石窟内移至窟外置放于露天，只能将佛殿建大以包容这类造像。宋代的正定隆兴寺的大悲阁内有一座高达22米的铜制观音菩萨立像；天津蓟县辽代的

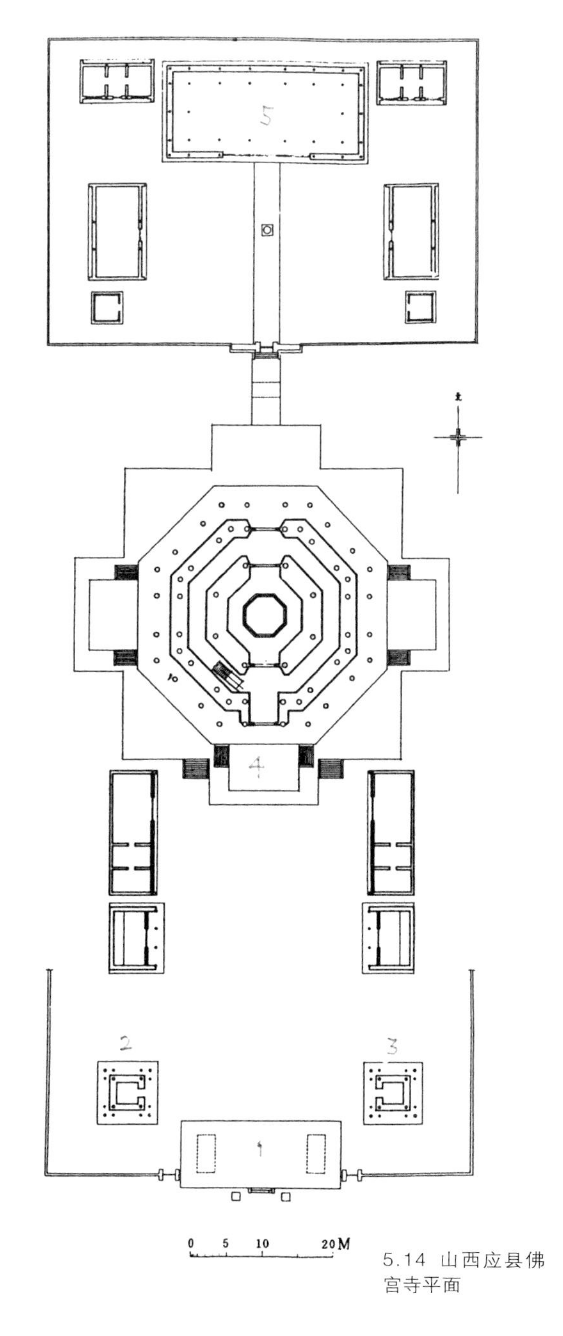

5.14 山西应县佛宫寺平面

5.15 天津蓟县独乐寺观音阁

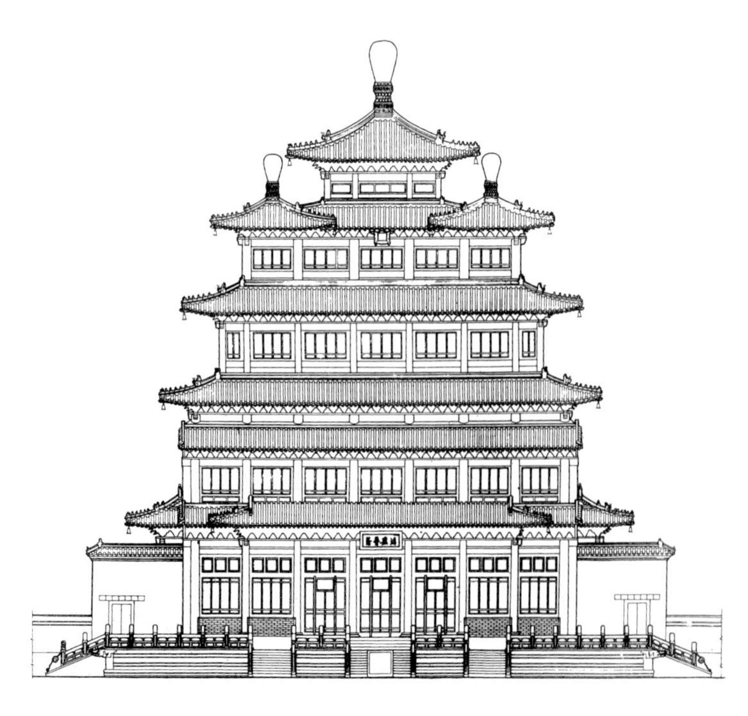

5.16 河北承德永宁寺大乘阁

独乐寺观音阁内有一座高16米的观音立像；河北承德清代的普宁寺大乘阁内有一座高22.2米的木雕观音像。为了容纳这几座高大的造像，将普通大殿都改为楼阁了，外观为多层楼阁，阁内是几层上下相通的空间，立着菩萨像。其中承德的普宁寺大乘阁，为了避免楼阁屋顶过分地硕大，将上面的屋顶分为一大四小，使这座高达40米的大型楼阁显得宏伟而不笨拙。大型的佛像促使佛殿形态发生了变化，因而出现了一些佛殿建筑新的形式。

（三）佛山

中国历史上形成有四大佛教名山，它们是山西五台山、四川峨眉山、浙江普陀山和安徽九华山。五台山位于山西五台县，相传这里是佛教文殊菩萨显灵说法地，自北魏时即开始在此建庙，最盛时寺院达200余座，至今还留有百余所，主要是显通寺、塔院寺等。峨眉山位于四川峨眉县，相传为普贤菩萨显灵说法地，自魏晋时期建庙，盛时有寺院150余座，至今留有报国

5.17 山西五台山

5.18 四川峨眉山

寺、伏虎寺、万年寺、仙峰寺等20余座。普陀山位于浙江舟山群岛普陀县的海岛上，相传是观音菩萨显灵说法地，岛上有普济、法雨、慧济三大佛寺和数十座庵庙。九华山位于安徽青阳县，相传为地藏菩萨应化的道场，山中有祇园寺、百岁宫等70余座大小佛寺。

众多的佛寺为什么会集中地建造在山林之中，这当然不是偶然的。其中原因之一是佛教传入中国后，改变了早期佛教的僧人不事劳动而依靠托钵化缘乞食为生的规定，变为僧人也要从事农业生产，自种粮食养活自己，因而佛寺也需要拥有土地生产，只是能够享受朝廷免税、免征兵役等等的优惠特权。随着佛教的传布，佛寺的增多，在城市用地紧缺，在农村又不宜与农民争地的

5.19 安徽青阳九华山

5.20 浙江舟山普陀山

5.21 四川峨眉山报国寺

情况下，山林就成为佛寺最佳选地。原因之二是山林环境幽寂，给僧侣提供了一处适宜于静思修道的绝好环境。于是佛寺拥入山林，加以这五台、峨眉、普陀、九华四座山林又有菩萨显灵传道的传说，因而更具吸引力，使它们成为佛寺相对集中的四座佛教之山。

佛寺进入山林，使佛寺得到理想环境，同时又使山林得到开发。四川峨眉山山峰层叠、主峰万佛顶海拔达3099米，次峰金顶海拔3075米，沿着山势而下，一路沟谷纵横，水流不断，林木茂盛。进入山林的僧侣们先后将报国寺、伏虎寺、万年寺、清音阁分别建在山脚和山腰处，更在万佛顶、金顶建小庙，俯视山景。当天气晴朗，阳光斜射到一定角度时，可以看到一道彩色光环出现在高山云海之上，僧人将它称为“佛光”，是普贤菩萨显灵，称为峨眉一奇景。所有这些寺庙都依山傍水，或成群，或单置，四周林木葱葱，与自然环境融为一体。浙江普陀山山并不高，地势西北高、东南低，岛北最高处海拔只有291.3米、顺山势而下，一路奇石遍布。僧侣将三座佛寺分别建在山顶、山坳与山底，各寺之间，随着山路利用奇石刻制出二龟听法石、心字石、盘陀石等等石景，既有宗教意义，又是一道道自然景观。在山道平坦处，石板上刻出莲花图案，象征着“步步莲花”，一批又一批的香客年复一年地行走在

5.22 浙江普陀山佛庵梅福禅院

莲花道上，三步一拜、五步一叩地走向佛教圣殿。中国自古以来就有敬祭山神的传统，在有名的五岳都建有山神庙，正式举行敬祭山神之礼，那是朝廷皇帝的事，对百姓来说在进山之前向山岳庙里敬一支香就表达了心愿，如今进山又多了一件敬佛主求保佑之事。古人言：“山不在高，有仙则灵”，这山中之仙，除山神之外，又多了一位佛主。人们进山既敬了山神，又拜了菩萨，而且还逛了山林美景，这真是山因有佛寺而更扬名，佛寺因据山林而更兴盛。

5.23 印度stupa

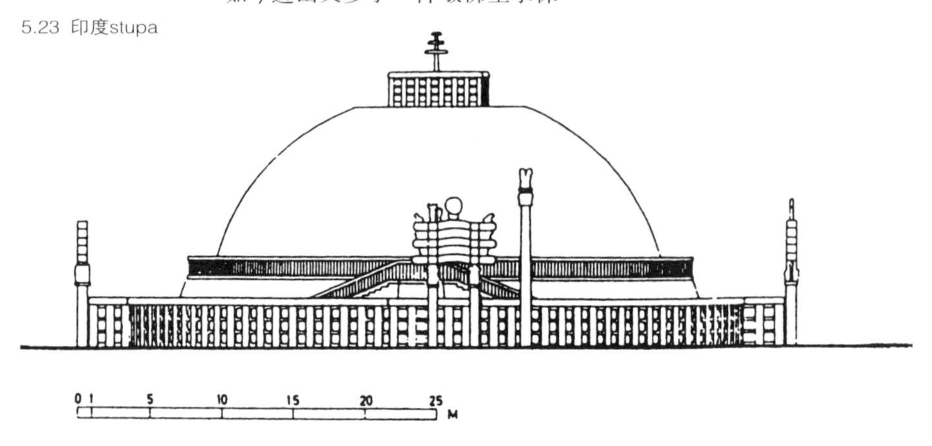

三、佛塔

佛塔是佛教中一种专门的建筑，也可以说与佛寺中的殿堂、楼阁一样，是佛寺建筑中的一种特殊的类型。

（一）中国佛塔的产生

佛教的创始人释迦牟尼圆寂后，他的弟子将他的遗体火化，烧出许多晶莹带光泽的硬珠子，取名为“舍利”。众弟子将这些舍利分散到各地去安奉，将舍利埋入土中，上面堆积一圆形土堆，形如中国的坟堆，在印度梵文中称为“窣堵坡”（Stupa），或称“浮屠”，译为中文称“塔坡”，简称为塔。塔也就是Stupa，是埋葬佛骨舍利的纪念物，作为佛的象征受到佛徒的膜拜。

“窣堵坡”随佛教传入中国后，它的形如坟堆的形状受到了改造。这是因为在中国人的传统心理中，凡是崇敬的事物，它的形象应该像自然界的高山、大树一样是高大而雄伟的。当时中国已经有高大的楼阁式建筑，佛塔既然是象征佛主的纪念物，理应将它置放在楼阁之上，于是下为重楼、上为窣堵坡的中

5.24 山西大同云冈石窟中佛塔

5.25 山西应县佛宫寺释迦塔

国式佛塔就这样产生了。在山西大同云冈石窟中就能见到这种中国塔的雏形。

（二）中国佛塔的形制

1.楼阁式塔。从中国佛塔的发展过程看，楼阁式塔应该是最早的形式。目前留存最早的木结构楼阁塔是山西应县佛宫寺的释迦塔，俗称应县木塔，建于辽靖宁二年（1059）该塔全部为木结构，外观为五层楼阁，顶上覆有塔刹，总高67.31米，塔中供奉有高11米的释迦牟尼全身像，位居佛寺的中心位置，迄今已有900余年历史，多次受地震影响，仍巍然屹立，只是塔身木构有些微扭曲。但木结构的佛塔经日晒雨淋容易受损害，尤其怕火灾，历史中多少著名木塔都遭受火烧而不存，所以逐渐为砖、石结构所替代，如陕西西安唐代大雁塔、江苏苏州宋代罗汉院双塔皆为砖制楼阁式塔，而福建泉州开元寺双塔全部为石料所建的楼阁式塔。为了保持佛塔外观的美观与坚实，有用琉璃砖贴在砖塔

5.26 陕西西安大雁塔
5.27 江苏苏州罗汉院双塔

5.28 福建泉州开元寺石塔
5.29 北京香山琉璃塔
5.30 江苏苏州报恩寺塔

外层成为琉璃塔。这些砖、石和琉璃塔，受材料限制，不能像木结构那样有深远的出檐、灵巧的斗拱与门窗，因而其外观显得笨拙而粗糙，后来又出现了一种塔身为砖筑而外檐为木结构的混合式楼阁塔，苏州报恩寺塔，上海龙华寺塔皆属此类。它们既能保持木结构塔的灵巧外形，又利于防火，即使遇到火灾，也只能毁坏外檐，灾后便于修复。

2.密檐塔：这是由砖筑楼阁塔逐步演变而成的一种塔形。它的特征是将第一层加高，以上各层压低，从而使各层屋檐相对密集，称为密檐式塔。此类塔留下的最早实例是河南开封的嵩岳寺塔，建于北魏正光四年（523）塔为12边形，塔高41米，塔最下面两层特高，以上有15层密檐。奇怪的是这种外形为12边的佛塔以后未曾发现，嵩岳寺塔成为孤例。唐代的密檐塔多为方形，塔中空心，每层搭建木板，有木制楼梯可以上下。例如云南大理崇圣寺的千寻塔，底层特高，以上有16层密檐相叠，造型美观端庄。宋、辽、金时期在北方出

5.31 河南登封嵩岳寺塔
5.32 云南大理崇圣寺千寻塔

5.33 北京天宁寺塔
5.34 辽宁北镇崇兴寺双塔

现了一批砖筑的密檐式塔，但它们的形态与唐代密檐塔不同，平面为八角形，塔中实心，不能登塔。北京辽代的天宁寺塔可为其中代表。该塔最下为台基与须弥座、塔身一层很高，表面用砖雕表现出立柱、梁枋、斗拱，每面柱间雕有门窗、菩萨、天神等。塔身以上有13层密檐，每层都有斗拱支撑着上层屋檐，顶上有砖筑塔刹结束。在辽宁辽阳的白塔、辽宁北镇崇兴寺双塔都属此类，其外观造像十分相似。

3.喇嘛塔：这是藏传佛教地区盛行的一种塔形，其形制是下层为须弥座，座上为平面呈圆形的塔身，其上为多层相轮相叠，顶端为塔刹。这种喇嘛塔自印度、尼泊尔传入西藏后，可能未受到汉族地区传统文化的影响，所以还能够保留住原始窣堵坡的一些形式。由于元朝统治者重视喇嘛教，使这种喇嘛塔开始传入内地。北京妙应寺白塔即建于元代，还是由尼泊尔的匠师

5.35 北京妙应寺喇嘛塔

主持设计和建造的。该塔高50.86米，全部由砖筑造，外部为白色，造型深重而醒目。这种喇嘛塔也用作出家僧侣的墓塔而出现在佛寺之旁，例如在河南登封少林寺的一侧即有此类的僧侣墓塔群。

4.金刚宝座塔：这是一种特殊形式的塔。塔分上下两部分，下为矩形宝座，座上部分立着一大四小，大者居中的五座小塔，分别供奉佛教密宗金刚界五部主佛的舍利。如此上为金刚，下为宝座，故称金刚宝座塔。在北京郊区分别有三座这种形式的塔。北京西郊的大正觉寺金

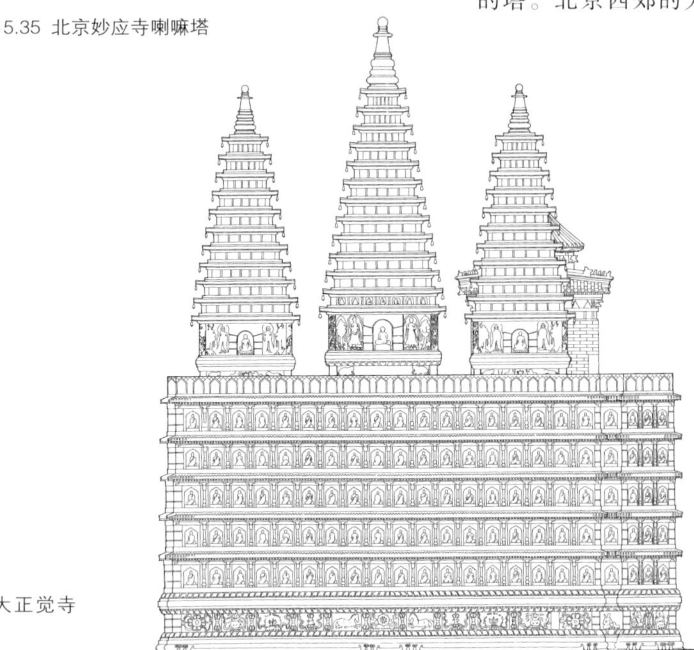

5.36 北京大正觉寺金刚宝座塔

刚宝座塔建于明成化九年（1473年），塔的宝座南北长18.6米，东西宽15.7米，呈长方形，高7.7米。宝座四壁上在须弥座以上分作五层，每一层都雕满了成排的小佛龛。宝座之上立有五座密檐式石塔，中央塔高约8米，四角塔略低约7米，在五座塔的塔身部分及宝座下的须弥座表面都雕刻有佛教内容的纹饰，所以远观此塔，造型稳重，近看又细致而略显华丽。第二座西黄寺清净化城塔也在西郊。清乾隆四十五年（1780），西藏班禅额尔德尼六世来北京为乾隆祝寿期间病逝于京城，朝廷在其住所西黄寺内建塔以示纪念。此塔宝座高3米，座上中央为喇嘛塔，四角为经幢形小石塔，塔全部为石料制造，在中央喇嘛塔的须弥座和塔身表面都有精细的表现佛教内容的雕刻装饰。第三座是位于香山的碧云寺金刚宝座塔，建于清乾隆十三年（1748）。此塔的特点是除在方形宝座之上立有五座密檐塔之外，又在宝座前方伸出一略小的宝座。在这座宝座上又有小型的金刚宝座塔，在小型宝座的前方左右又各立一座小喇嘛塔，也可以说是大小两座金刚宝座塔。在宝座上共有两座喇嘛式、10座密檐式

5.37 北京碧云寺金刚宝座塔

5.38 北京西黄寺金刚宝座塔

5.39 云南景洪曼飞龙塔

5.40 云南西双版纳允燕塔

共12座塔。建于明、清两代的三座金刚宝座塔具有统一的形制又各具特征，使佛塔更加丰富多彩。

5.缅式塔：这是一种流行于云南傣族地区上座部佛教寺庙的一种塔型。因为上座部佛教直接传自缅甸、泰国等处，其佛塔形式也相似，所以称为“缅式塔”。云南景洪大勐龙的曼飞龙塔可称此类佛塔之代表。塔建于1204年，塔的造型很特别，在八角形的须弥座上中央立有一大塔，塔身圆形，上下分作若干段，粗细相间，仿佛为多座须弥座相叠，自下而上逐层缩小，直至尖状塔顶。塔四周围着八座相同的小塔，高度只及大塔之半。塔为砖筑，外表皆涂白色，总体

5.41 河北正定广惠寺华塔

5.42 宁夏青铜峡塔群

造型活泼而又清净。这个地区的佛寺多，几乎寺寺有塔，其造型相近而有变化，塔身有圆形，亦有八角形。塔刹形态多样，有的以金属制作，玲珑剔透。

除以上几种佛塔的主要类型

5.43 北京北海白塔

外，还有单层塔、花塔等类型，也有将喇嘛塔集而成群的群塔，从而构成为中国佛塔丰富多彩的系列。

（三）佛塔的价值

佛塔既为佛教的一种独有的建筑，自然具有宗教的价值。这种价值不但表现在佛塔的整体形象上，而且也表现在其他方面。其一是在不少佛塔的地窖中都藏存着一些小佛塔、佛经、佛像等具有佛教意义的纪念物。例如陕西扶风法门寺砖塔地窖中不但藏着极为丰富的各种佛教纪念物，而且还有唐僖宗时期封存的佛指骨舍利。北京妙应寺喇嘛塔的塔刹中居然也藏有木雕观音、玉佛龛、铜佛等宝物。随着岁月的流逝，这些宝物越来越具有历史和文化的价值。其二是在许多砖、石筑造的佛塔表面都有具有佛教内容的雕刻装饰。在北方许多辽代的密檐砖塔的须弥座和塔身表面都有佛、菩萨、金刚、力士以及狮子、莲瓣等形象。北京西黄寺金刚宝座塔中央主塔的表面附有表现佛经故事的雕刻画面。这些砖、石雕刻不但具有宗教上的

5.44 江苏镇江金山寺

价值，同时也是中国古代雕塑发展史中不可缺少的一个部分。

佛塔除了宗教上的价值以外，还具有景观上的价值。佛塔具有佛教的象征意义，早期位于佛寺的中央接受信徒的膜拜。待佛像代替了佛塔，佛殿居中而佛塔就退居于寺院一旁，但由于它形象的高耸，具有佛教的象征意义，所以多将佛塔安置于山腰、山顶、江河之滨十分显著之处，以使它起到宣扬佛教、招揽信徒的作用。于是，一座座高耸的佛塔与自然山水结合在一起，创造出一处处美丽景观。北京北海琼华岛上有一座永安寺的白色喇嘛塔，俗称北海白塔。塔山与北海水面组成的画面不但成为北海的主景，而且也是古北京城内的主要的景观。江苏镇江江天禅寺位于江边金山之上，寺中殿堂顺山势而建，佛塔自山顶冲天而立，人们乘江轮到镇江，远远就见到这座屹立于江边金山上的佛塔，它成了镇江城市的标志。浙江杭州西湖夕照山上有一座建于10世纪中叶的雷峰塔。明代倭寇侵犯杭州时烧毁了佛塔木构外檐，只剩下砖造的塔心部分。就这样一座残破不全、容貌苍老的砖塔身，每当夕阳照到西湖时，残塔身上被镶上一道金色的边框，因而成为西湖十景之一——雷峰夕照。在中华大地上，一座座佛塔与山河大地组成的美景，将古老的中国土地打扮得更加美丽。

第六章

山水园林
——中国古代园林

园林是指经过人类加工或者创造的一处自然环境。人们在里面游览可以得到身心休息。中国古代园林最大特点是属于自然山水型园林，它的发生与形成经过了漫长的过程。

一、中国自然山水型园林的形成

据文献记载，远在公元前16世纪至前11世纪的商代，即有了被称为“囿”的场所。这是选择一块山林之地，在里面放养一批禽兽，以供帝王作狩猎之乐，同时也在囿内筑高台，便于观天象、敬天神，因为当时敬仰天神已经成为一种重要的祭祀活动了。可以说这种早期的囿，虽然它的主要功能是为帝王狩猎取乐和敬祭天神，但它已经具备了园林的基本属性。公元前221年秦始皇统一中国，在都城咸阳大建宫室，于渭河南北两岸筑北宫、信宫，并开始营造更大的宫殿阿房宫，而形成南北中轴线。在轴线两侧分别兴建众多宫室，各宫之间用辅道相连，并引渭河水创建宫池。可以说秦王朝在咸阳建了一处庞大的宫廷区，同时也是一处宫苑区，开启了皇家园林之先河。

秦朝廷二世而亡，在短短的十多年时间里，没有将庞大的宫苑完成。在秦末又被楚霸王项羽放火焚烧，留下一片焦土，从而使西汉王朝不得不在咸阳之东另建都城长安。西汉时期，先后在长安城内外建造了长乐、未央、明光、北宫、桂宫等宫殿。这些宫殿也多有后苑部分，但最大的宫苑还是在汉武帝时期建造的上林苑。上林苑位于渭河之南秦王朝开始建造的皇家园林地区。据文献记载，其周围苑墙长达130公里，北沿渭河南岸，南至终南

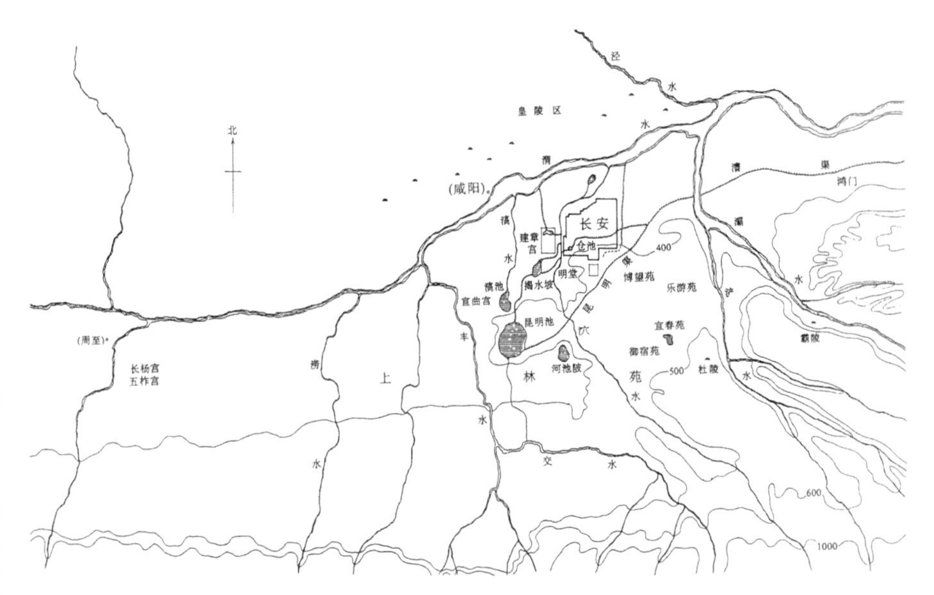

6.1 蓉陕西西汉时期上林苑平面图

山。四周设苑门12座。在这个苑囿里含有八条自然河流，一处天然湖泊，并人工挖掘湖池。其中最大的昆明池面积达150公顷。苑中建有宫殿建筑群12处，苑中小园36处。在这些宫殿园林里，除了殿堂外，还出现了楼阁、亭、廊、桥等类型的园林建筑，栽种各种果木与观赏植物，还饲养了众多珍禽异兽。可以说上林苑已经是一座功能齐全的皇家园林了，而且，以其规模之大、内容之多，在中国园林发展史上也是一座空前绝后的皇家园林。

公元220年东汉灭亡，中国开始进入了诸侯割据，战乱不断，长达300余年的社会动荡时期。国家的兴亡，朝代的更替，使仕官、文人产生了对政事的悲观失望，一时间，崇尚逃避现实的老庄思想盛行。他们喜好玄理，乐于清谈，一些仕官文人纷纷离开城市，隐逸江湖，寄情于山水环境。他们观赏青山、绿水、植物花卉，吟诗作画，使山水诗、山水画得以发展。同时，这些文人、仕官也逐渐将这样的自然山水环境移植到自己的住屋周边，利用人工堆石造山，挖地成池，栽培植物，一座座小型的私家宅园由此而生。从最初的帝王苑囿，发展到皇家园林，到私家园林的产生，都可以看出，中国的自然山水园林的特性就这样形成并得到持续的发展。

隋唐结束了中国三百多年的动荡时期，重新统一国家，尤其到唐朝，国内政治稳定，经济得到发展，各地城市建设也得以展开，从而使造园之风达到高峰。都城长安除了在宫城内设有后苑之外，还在长安之北专门建设了规模很大的禁苑，在城东北的大明宫内设专门的园林区。在这里挖太湖池，堆筑蓬莱仙山，布置殿堂亭台。除了这些皇家园林，各地私家园林也得到很大发展，光在洛阳一地就有上千家之多。诗人白居易在洛阳有一座他精心打造的私家宅园，占地仅17亩，其中居屋占1/3，水面占1/9，有水池一方，池北建书房，池西建琴亭。诗人专门写了一文《池上篇》来描写他的私园，文中写道："有堂有庭，有桥有船，有书有酒，有歌有弦。有叟在中，白须飘然，十分知足，外无求焉。"看来诗人在这座小园中是很知足快乐的。

宋王朝将都城定在河南的汴梁（今开封市），除了在宫城中设有园区，更在宫外建造了一座皇家园林艮岳。这是一座人工建造的山水园林，园内先用土堆山，后加筑石料而成土石山，并仿照自然山势，筑造出峰岫、石壁、溪谷、瀑布等形态。园内水系亦由人工挖掘筑成河、水池，引园外河流之水以充之，并在溪河之畔建厅堂，水池之中筑岛屿。园内植物除北方树种之外，又从南方江、浙、湘、粤各地引来品种，共计70余种，力求园内四季常青，繁花不断。可以说艮岳将皇家、私家园林之经营集于一身，使中国造园提升至一个新的高度。综上所述，自早期的苑囿开始至唐宋时期，经过长期的实践，中国古代园林不但形成了自然山水型园林的历史特征，而且也积累了建造园林的经验。

二、明、清时期的皇家园林

明朝自永乐皇帝将都城自南京迁至北京后，北京即成为明、清两朝的都城长达五百余年，所以，这一时期的皇园建设都集中在都城及附近地区。明朝的皇园建设除在宫城紫禁城内建有御花园、建福宫花园以外，主要还对元代留下的位于皇城之内的西苑进行了进一步的经营。其一是将西苑的太湖池水面向南开掘扩大，使西苑形成北、中、南三海串通的布局。其二是在琼华岛上和北海沿岸陆续增建了不少殿堂楼馆，使西苑增添了园林人造景观。此外，在京城西北郊一带出现了一批明朝官吏、富商建造的私家园林。1644年，清兵入关，明朝灭亡。清朝忙于统一全国的军务与政务，在建设上，除全盘接收了明代的紫禁城之外，只顾上建造了几处皇陵。康熙皇帝在位61年，先后用武力与和睦政策平定和团结了蒙、藏等民族，国内政局得到统一和安定，经济发展，国力增强，朝廷开始有条件、有精力去考虑园林建设了。清朝统治者为满族，他们习惯于在东北辽阔平原和山林中骑马打猎和习武，入关之后，康熙皇帝每年都要在盛暑季节，率领兵马去热河一带狩猎练武，十分喜爱热河一带有山有水的凉爽之地。康熙帝在园林建设上做了两件大事：第一件是在北京西北郊开始建造皇家园林，第二件即在热河承德营造了另一处皇家园林——避暑山庄。

北京西北郊是有山有水的海淀区，具备了营造山水园林的良好条件，在缺少水源的京都地带尤其显得可贵，自辽、元时期就在这里建造了多座寺庙，明朝不少达官贵人又纷纷在此建造了众多的私园。香山为京郊北山的一个分系，峰峦叠翠，景色极佳。康熙十六年（1627）在这里利用原香山寺旧址建造了香山行宫，成为西北郊第一座皇家行宫御园。在香山之东有一处平地凸起的山冈，名玉泉山，山中林木葱葱，泉水丰富，自金代就在这里设行宫，建寺庙。康熙十九年（1680），又在此建行宫，并定名静明园。康熙二十八年（1684）康熙帝赴江南巡视，见到不少江南名园，景色秀美，十分欣赏，回京后即在西北郊选定一处明代皇亲李伟的宅园“清华园”，在这块私园的废址上建造了一座“畅春园”。建成后康熙帝大部分时间在这里居住、理政，成了一座真正的皇宫型御园。康熙四十八年（1709）在畅春园的北面，利用明代的私园开始建造圆明园，赐送给皇四子，即后来的雍正皇帝。自康熙十六年开始至康熙四十八年，在前后32年的时间里，扩建、新建了香山、玉泉山、畅春园和圆明园四座大型皇园和一批赐送给皇族子弟的小型园林，初步形成了都城西北郊的皇家园林区。清雍正在位仅13年，大部分时间住在圆明园内。这位帝王勤于政务，除了建圆明园外，没有其他建园活动。清乾隆皇帝在位60年，正值清王朝国力进一步加强之际，经济发展，财力雄厚，加以乾隆皇帝又是一位酷爱园林之君主，所以在这一时期，园林建设可以说达到高峰。香山，玉泉山得到扩建，并将香山更名为“静

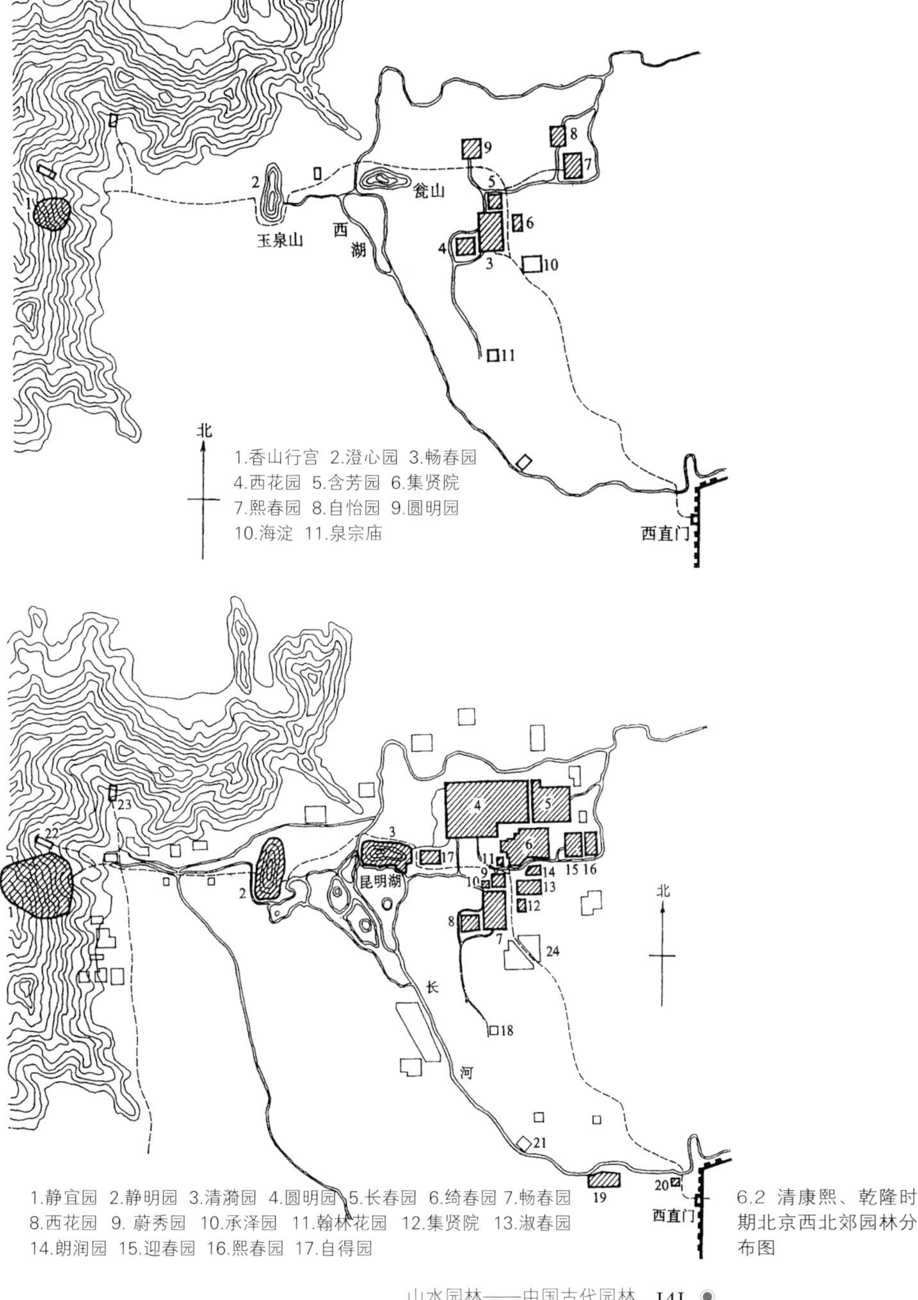

6.2 清康熙、乾隆时期北京西北郊园林分布图

宜园”。对圆明园扩建为具有40景区的大型皇园，还将附近的绮春、长春二园并入合成为圆明三园。乾隆十五年（1250），又利用玉泉山与圆明园之间的瓮山与西湖的山水之地建造了一座清漪园，将瓮山改称万寿山，西湖改称为昆明湖。该园经14年建设，于乾隆二十九年（1764）完成。至此西北郊的皇园建设告一段落，历经康熙、雍正、乾隆三朝帝王，花费87年之久，包含着香山静宜园、玉泉山静明园、万寿山清漪园、畅春园、圆明园，简称为“三山五园”，加上一批小型皇园，庞大皇家园林终于建成。这批园林可以说在建园艺术和技术上具备了中国古代园林的最高水平。

1860年英法联军攻占北京，在西北郊对皇家园林进行了野蛮的掠夺与焚烧，几座主要的皇园无一幸免。清同治时期曾经想恢复昔日帝王最常去的圆明三园，但此时清朝国力大衰，已经无法实现。清光绪十四年（1888），朝廷花巨资修葺了清漪园的主要部分，并改名为颐和园。1900年八国联军占领北京，沙俄、英国、意大利的侵略军相继进占颐和园达一年之久，园内陈设被洗劫一空，房屋装修也遭破坏。1902年在慈禧太后主持下又用巨款进行修复。清王朝花了近百年时间建设的皇家园林，保存比较完整的只有颐和园和在承德的避暑山庄这两处，其他各园都面目全非，其中破坏最严重的是圆明三园。现在仅挑选圆明园与颐和园两处作重点介绍。

（一）圆明园

为什么挑选这样一座只剩下断垣残柱的圆明园作专门介绍，这是因为它具有其他大型皇园所没有的特征。

圆明园特征之一是完全由人工在一块既无山又无水的平地上建造起来的山水园林。圆明园处于香山、玉泉山之东的一片平坦土地上，这里地下水源丰富，挖地三尺就能见水，所以能在此挖地建池，用挖出之土就近堆山。水面根据园林布局，有大小不同的湖面，也有粗细不一的水渠，其中最大水面为福海，呈方形，边长达600米，湖中留出三座小岛。还有长、宽约200多米的后湖，以及无数房前屋后的小型水面。在这些水面之间有小溪河相连，它们如同人身上的血管遍布全园。圆明园内的山全部用挖水池之土就近堆积而成。这些称之为山，其实只是些不很高的土丘，但它们连绵不断，颇具山脉之势。总体

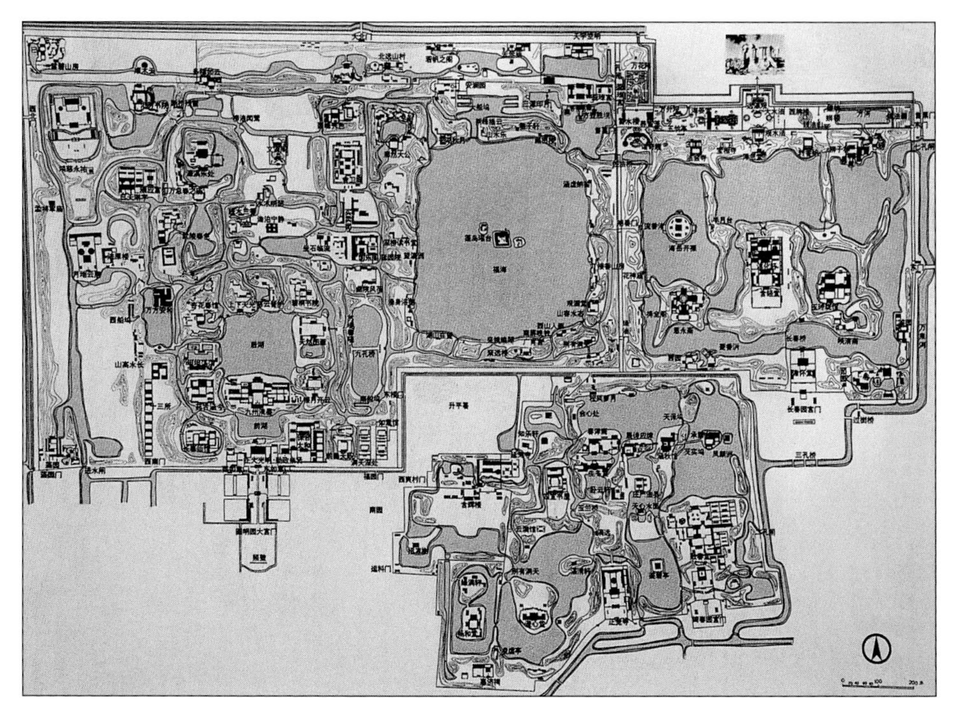

6.3 北京圆明园平面图

看，园内水面占全园面积350公顷之半，土山占三分之一，所以使圆明园成为一座水景之园。

特征之二是，全园由许多小型园林或景区所组成。这些小园或景区，有的以建筑为中心，配以山水植物，有的在山水之中点缀楼阁亭台。它们各具特征，多用土山或墙垣相围，形成既独立成景又有道路或水溪相互联系。例如，乾隆帝几次下江南巡游，所喜爱和看中的杭州西湖十景中的平湖秋月、柳浪闻莺、三潭映月等都被移植至园中，虽然它们都被缩小成为独立的小景点。

特征之三，园中建筑以其功能区分则种类多，以其形象分则形式多样。这里有专供皇帝在园内上朝理政用的正大光明宫殿建筑群，有象征海中神仙三岛的福海“蓬岛瑶台”，有供皇帝供奉祖先的安佑宫，敬佛的舍卫城，还有仿照南方苏州水街的买卖街，储藏图书的文渊阁，读书养性的书院等等。就建筑的形态讲，中国古代建筑从宫殿、寺庙到住宅，无论是殿堂、佛殿或是住房，它们的平面大多皆为简

6.4 圆明园方壶胜境景区

6.5 圆明园安佑宫

6.6 圆明园万方安和

6.7 圆明园西洋楼谐奇趣

单的长方形，但在圆明园内，这些不同类别的建筑，它们的平面除长方形、正方形之外，还有工字、中字、田字、卍字、曲字和扇面等等多种形式。亭子为园林中常见之物，其平面绝大多数为正方、六角、八角与圆形，但在这里还见有十字形、卍字形的。连接建筑之间的廊子也根据地势有直廊、曲廊、爬山廊、高低跌落廊之分。乾隆时期，经过当时在清朝廷任职的意大利传教士、画家郎世宁推荐和设计，特别在圆明园长春园的东北区建筑了一群西洋式的建筑，它们都是用石料建造，具有欧洲“巴洛克”风格，在殿堂之前布置着欧洲园林式的整齐花木和喷水池，这是西方建筑第一次出现在中国古代传统形式的园林里。

圆明园，这座完全由人工从平地上建造的，有大小不同近百个各具特色的小园和景点组成的皇家园林，被外国人称为“万园之园”。

（二）清漪园—颐和园

清乾隆皇帝在完成了圆明园的建造后，在西北郊已经有了香山静宜园、玉泉山静明园与畅春园。对于这位数次南巡，亲临过许多江南名山、名湖、名园而又酷爱园林的皇帝来说，仍觉得不尽满意，因为静宜园为山景之园，有山岳而缺水，圆明、畅香二园又为水景园，有水而缺山。静明园虽有水又有山，但山泉水量不大，而恰恰在静明园与圆明园之间有一处瓮山，与山前的两湖，早在元、明两代，在引西山、清河一带水源以供京城之需的水利工程中，两湖已成为中途蓄水池，在这里将水位提高，并经专门的河道将蓄水送至京城。乾隆正看重这块有真山真水之地乃为建造山水园林理想之所。但当圆明园建成后，乾隆专门写了一篇《御制圆明园后记》，其中说圆明园“实天宝地灵之区，帝王豫游之地，无以踰此。然后世子孙必不舍此而重费民力，以创建苑囿……”此言刚出不久，自己又要建造新园，岂不自食其言，为此他提出了两方面理由：一是作为蓄水池的西湖以及相关的河道因年久失修，而且水面又不够大，所以急需扩大和疏理；二是乾隆之母皇太后即将六十大寿，在新园中建楼以祝寿诞。这样一为民、二尽孝的理由自然冠冕堂皇，所以在乾隆的主持下，于乾隆十五年（1750）开始建造新的皇园清漪园，经14年之久，于1764年完成。

清漪园的功能是多方面的，蓄水、祝寿，皇家离宫型园林，

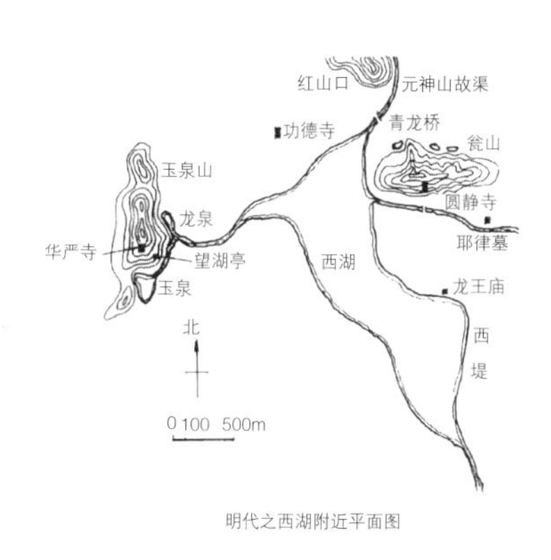

明代之西湖附近平面图

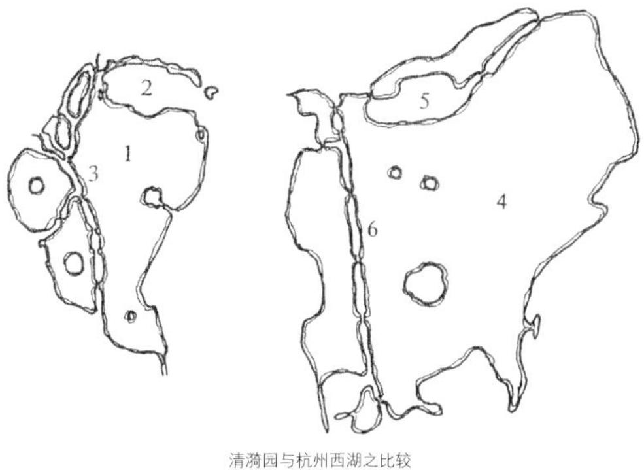

清漪园与杭州西湖之比较

1昆明湖 2万寿山 3西堤 4西湖 5孤山 6苏堤

6.8 北京清漪园规划图
6.9 北京颐和园全景

这里包括帝王理政、生活、游乐等多种需求。根据这些功能在建设上首先要进行的是整体布局。为了蓄水，必须扩大水面，将原有的西湖挖掘加大几近一倍。在扩大中有意留出三块陆地，在水中形成有象征性的神仙三岛。仿照杭州西湖的苏堤筑了一道西堤，将湖水分为中西两部分，并像苏堤上有六孔桥一样，在西堤上也建了六座桥。与此同时，把扩大湖面挖掘出来的土，将瓮山增高增大，并在山下北麓开掘水渠，将前湖之水引灌后山，如此一来形成了山临水、水绕山的总体格局。瓮山改称万寿山，西湖改称昆明湖，山湖相加总占地面积达290公顷，其中水面占四分之三。

山水形势确定后，即为建筑布局。根据需要，首先将帝王上朝理政的宫廷放在园之东部，与圆明园相邻，且便于联系。帝王生活区紧邻宫廷，形成园东部的宫廷区。其次，把祝贺皇太后寿辰的大报恩延寿寺放在万寿山南面的中央。这一组包括天王殿、大雄宝殿、佛香阁、智慧海的建筑群体自南而北依山势而建。对于这位虔信佛教的乾隆帝来说还嫌不够，在延寿寺周围还建了宝云阁、转轮藏、慈福楼、罗汉堂多座小佛寺，它们与延寿寺组成庞大建筑群，成为清漪园最突出的景观。其余供帝王游览观景的亭台、楼阁、长廊等园林建筑，散布于万寿山上，与昆明湖组成前山前湖区。清漪园陆地不多，因此，万寿山北的后山区也有精心布局与经营。首先在山脚由西向东挖出一条溪河，将挖出之土沿河北岸堆筑土山，造成两山夹一溪河之势。河面宽窄相同，至中段两岸建造商铺，形成一条水

6.10 颐和园宫廷区仁寿殿

6.11 颐和园乐寿堂内景

6.12 颐和园万寿山排云殿建筑群

6.13 颐和园后山须弥灵境寺庙

6.14 颐和园后山溪河

6.15 颐和园后山买卖街

6.16 颐和园谐趣园

上买卖街。其次在后山中央建造一座须弥灵境喇嘛庙，在东山脚下仿照乾隆帝喜爱的无锡寄畅园建造园中之园谐趣园。在后山坡的东西山道两侧散布着若干座供游乐休息的园林建筑群体。如此一来狭长的后山成为由多种景象组成的，与开阔的前山前湖完全不同的，具有幽寂环境特征的后山后湖景区。

总体看，清漪园是由宫廷、前山前湖、后山后湖三大景区所组成的。1860年被毁，光绪时期重建为颐和园后，前山中央的大报恩延寿寺前部分被改为仁寿殿建筑群体，后山众多的园林建筑和买卖街未能修复，但仍是保留了原来的布局和景区的特

6.17 颐和园

征。在清王朝最后建设的这座园林中既表现了皇家建筑那种宏伟的气势，又具有山水园林的活泼氛围，同时又把传统的神仙三岛等神话，众多的佛寺，以及西湖苏堤、苏州河街、无锡寄畅园等江南名城、名园的精华并现于园中，可以说把当时乾隆皇帝理想中皇家园林的多种功能协调地结合在一起，表现出中国传统园林建设的最高水平。

三、江南地区的私家园林

中国的私家园林自魏晋南北朝时期产生以来得到长久的发展。就全国范围来看，江南各地比北方地区发展得更为兴盛，尤其留存至今的私家园林多集中在南方的江苏、浙江一带。这种现象的存在是因为江南更具备建设私家园林的条件。首先从自然条件看，江浙一带河网密布，水资源十分丰富，这为山水园林提供了充分条件。南京、宜兴、苏州、杭州、湖州等地又多产堆筑石山所需的黄石与湖石。江南气候湿润，冬无严寒，适宜树木花卉的生长，四季常青。其次是经济条件。建造园林需要充足的资金，江南自古以来为鱼米之乡，手工业也发达，苏杭一带丝绸工业有悠久历史，随着商品经济、城市的繁荣发展，为造园提供了物质条件。第三是人文条件，造园也是一种文化建设，江南自古文风盛行，尤其南宋迁都临安（今杭州），大批官吏、富商拥至苏杭，极大地促进了建园活动。明清以后，一批又一批退休官吏和富商纷纷到这里购地建房造宅园，将造园推至高峰，从而为世人留下了一大批私家园林。

综观江南这一批私家园林，它们采取了哪些造园手法呢？它们与皇家园林相比，又具有哪些特征呢？现在从下列三方面予以介绍。

首先是园林的布局。如果与皇家园林相比，最大的不同是皇园大，功能要求多，而私园小，功能相对简单，只供园主人在这里游玩、休息，有的还在园内会客，读书作画。苏州留园在私园中面积算大的，占地2公顷。网师园仅占地0.4公顷，无法与数百公顷大的皇园相比。正因为如此，要在园内创造景观，必须在布局上用分割空间、美化多变的手法。常用的是用院堵、堆石或植物将有限的园地分割成若干小型空间。在这些空间里精心布置具有特征的景点，在各景点之间的道路弯曲，不用直线，以

6.18 江苏苏州网师园

便延长游人观赏时间。在相隔的院墙上，开设门洞、漏窗使空间隔而不间断，相互流通不显闭塞。苏州网师园包括住宅和园林两部分，就在不足0.3公顷的园林内，造园者还分别创造出种有桂花树的“小山丛桂轩”、种有古松的“看松读画轩”、幽寂的“五峰书屋”，等各具特征的景点。处于园中心的水池边长仅20米，在池周围分别安置水阁、月到风来亭、射鸭廊、竹外一枝轩。它们隔池相望，互为对景，组成一处极富情趣的主要景区。

第二是善于模仿自然山水之形态。位于城市中的私家园林附于宅旁，很少有真山真溪河，需要人工用土、石堆山和挖掘湖池引水入内。用土、石堆山，如完全按真山形态缩小则如同玩物，古人多忌用，而是用土、石按真山之神态再现于园中。这就要求造园者对自然界真山有细致观察，掌握住它们的造型规律，并加以提炼、概括，使其典型地再现于园林。例如自然山势虽有主有从，切忌群峰并列如笔架，山中不仅有涧、有洞、有悬崖陡坡，间或有飞瀑直下，凡此种种，都可以呈现在堆山中。江苏扬州的个园是一座占地仅0.6

公顷的小园。园中有名为夏山与秋山二处，分别用湖石与黄石堆筑，造园者用这些石料分别堆出峰、岭、峦、岫、洞、岭等等形态，山体不大而引人入胜，使个园成了以石山著名的名园。以水而论，自然湖泊，水池形态皆自然而少有呈方形规则者，因此，园中水面多自然曲折，而且将水流引入墙角、亭榭之底，仿佛水有源而无头，使一潭死水变活水。在水中种植，莲荷等水生植物更显自然生气。

第三重视园林的细部处理。人游私园中，凡建筑、山石、植物都近在咫尺，所以造园者十分注重它们的制作，选材务必精良耐看。建筑有厅堂、亭榭、廊屋，其形象多不雷同，亭有方、圆、六角、八角、扇面、十字形、长方形等等形状。院墙上一排并列的漏窗，细看其花格无一雷同。门窗的木格花纹、砖制边框都拼合规整，磨砖对缝，形象美而工艺精。连房顶的翘角和地面的铺砖都经匠人的经营而千姿百态。

私家园林规模不大，没有皇家园林那样的辉煌与气势，而呈现出清幽文雅之风格。由于造园者的精心营造，使这些园林成为可居可游之地，人入其中，游览于建筑、山石、植物之间，

6.19 江苏扬州个园

6.20 江南园林中的船厅

6.21 苏州拙政园“与谁同坐”轩

6.22 江南园林中的阁

6.23 江南园林中的水榭

6.24 江南园林中的亭

6.25 江南园林建筑之窗

6.26 江南园林建筑之屋角

6.27 江南园林中的地面

曲径通幽，步移景移，美不胜收。私家园林与皇家园林一样，都表现了中国古代造园的高超水平。

四、中国园林的意境

意境是中国古代艺术所追求的一种艺术境界。以绘画为例，画家画自然界的竹子，必先对竹子进行实景写生，画出青竹的形态，这样的作品称为物境。但竹子不仅有形，而且还具有多方面的象征意义。竹子四季常青，竹身修长，中空而有节，可以弯曲，但很难将它折断，所以具有可弯而不可折的特性。竹子的这些生态无疑象征着人要虚心有气节，遇到困难与挫折不可以折服等方面的人生哲理。唐朝诗人白居易曾对他的挚友说："曾将秋竹竿，比君孤且直"。宋代文豪苏轼酷爱青竹，曾说："可以食无肉，不可居无竹。无肉令人瘦，无竹令人俗。人瘦尚可肥，俗士不可医"。文人画竹不仅仅写其形，而且通过竹子表达出一种人生理念。画面上的青竹要表达的是一种"孤且直"为人清廉的品德，这样的竹画就从物境上升到意境，以形传神，成为一幅有意境的作品了。有时为了表达意境，可以神似重于形似，可以意深不求颜色真，所以出现了中国特有的用黑墨画青竹、画荷莲的"墨竹"和"墨荷"作品，有无意境成了评价艺术作品的最高标准。

园林自然也是一种艺术，尤其是中国自然山水型园林，在造园中也将意境作为一种高标准的追求。意境在园林中的表现说得简单一点就是创造一种能够引起人们意念的环境，这就要求园林不仅为人们提供一个良好的物质环境，而且还是一个使人陶冶的精神环境。那么怎样去创造这样的环境，归纳起来有如下几种手法。

象征与比拟。孔子说："智者乐水，仁者乐山"，意思是智者乐于像流水一样不知穷尽地去治世，仁者喜欢像高山一样安国而万物滋生。孔子将自然山与水都赋予了人文精神。与上面讲的竹子一样，它的自然生态皆富有人文内涵的象征意义。还有植物中的松与梅：青松四季常青，形态刚劲挺拔，人们形容人要站如松、坐如钟、行如风。寒冬腊月，万花凋零，唯有梅花傲放于冰雪之中。松与梅都具有人格精神的内涵，所以古代文人将松、竹、梅称为"岁寒三友"，乃植物中高品，也象征着人品之高尚与纯洁。正因为如此，园林中常见此三种植物。承德避暑山庄山岳区有一条山道，两旁列植青松，取名"松云峡"；颐和园后山之道旁亦满植松树，形成一条十分幽静的山路；在江南园林中可以说无园不种竹，连不适宜竹子生长的北方，在颐和园谐趣园的乾隆御碑"寻诗径"处也种了一小丛青竹。水中莲荷更有多方面的象征意义：荷花纯洁，出淤泥

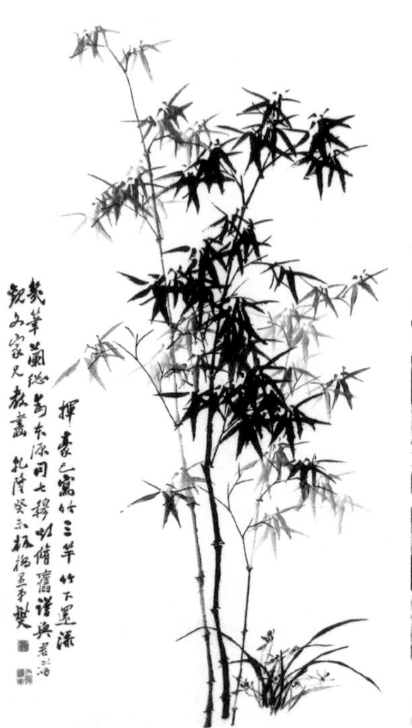

6.28 中国古代绘画中的墨竹、墨荷

6.29 园林中之竹

6.30 园林中之莲荷

而不染；其根为藕，生于污泥之中，居下而有节，质脆而能穿坚。这些生态都饱含人生哲理。因此无论南北，无论皇园与私园，无处不种荷。圆明园有一景点“濂溪乐处”，四周水塘中满植莲荷，乾隆帝题名为：“前后左右皆君子”。园林中因为有了这些松竹梅和莲荷，人们游园观景而能生情，从中领略到人生

6.31 浙江绍兴兰亭曲水流觞

6.32 北京紫禁城宁寿宫花园禊赏亭

哲理，这就是园林意境所发生的作用。

引用各地名胜古迹。各地的名胜古迹之所以能称为胜迹而流传，多因为它们都含有一定的人文内涵。造园者多选择将它们移植于园林中，以创造出具有意境之美的景点。浙江绍兴市郊的兰亭是古代书圣王羲之写作《兰亭集序》的地方，晋穆帝永和九年（353）三月初三上巳节，书法家王羲之约好友四十余人来到兰亭，选择了一段弯曲的水渠，众人列坐水渠两侧，用杯盛酒置于水上顺流而下。当杯酒停在谁的面前，则该人即饮干杯中酒并咏诗一首，如此反复直至酒尽。王羲之将众人之诗集而成册，并乘兴写了《兰亭集序》。此序成了古代书法的范本，被称为《兰亭帖》。此次活动也称为“曲水流觞”，不但使兰亭成了著名景点，而且还成为文人雅事而流传各处。造园家也将此景移植到园林，只不过自然沟渠变成了石板上凿刻或用块石砌造的人工曲水，再在曲水之上建亭以蔽之。在北京紫禁城宁寿宫花园和承德避暑山庄中都可以看到这样的景点。

应用诗情画意。这种诗情画意是通过用山水、植物、建筑组成的景观空间或者借用古代的某些典故来表达。据《庄子·秋水》篇中记载，战国时期庄子与惠子游于濠梁之上，见水中有小鱼游动，庄子曰："鯈鱼出游从容，是鱼之乐也。"惠子曰："子非鱼，安知鱼之乐？"庄子曰："子非我，安知我不知鱼之乐？"这段对话十分富有情趣，庄子崇尚自然，好游于青山绿水幽静之处，所以造园者多应用这一典故在园林僻静处置池水一塘，养小鱼，植莲荷。有的还建游廊一段，创造出一处清寂景点。江苏无锡寄畅园内的"知鱼槛"，仿建的颐和园谐趣园中更将它扩大成"知鱼桥"，北京香山静宜园有"知鱼濠"，圆明园有"知鱼亭"等，都属此类景点。人游此景不但身居清幽环境，而且还能领略到当年智者作濠梁游的意境。

中国古代建筑从寺庙中的殿堂、祭祖宗的祠堂到园林中的亭榭，多喜欢将匾额和楹联挂在屋檐下和柱子上。

园林建筑上的这些匾、联往往多被用来点赞和渲染园主人所需要的诗情画意。北京香山静宜园水源不丰，造园者只能用有限的流水去创造景点。工匠用片石在土山前堆砌一处不高的石山，将流水引至石山顶，让水顺岩而下。乾隆皇帝特为此景题诗曰："漫流其间，倾者如注，散者如滴、如连珠、如缀旒，泛

6.33 北京颐和园谐趣园知鱼桥

6.34 北京香山清音亭

6.35 江苏苏州拙政园梧竹幽居亭

洒如雨，飞溅如雹。索委翠壁，潀潀众响，如奏水乐。”此景名为“璎珞岩”，并在石山前建一方亭，取名“清音”。试想游人息坐亭中，眼观水如璎珞，耳听清泉之音，别有一番意境。苏州拙政园有一方形厅，息坐亭中可以看到园中种植的梧桐与青竹，梧桐树叶大，花呈素色而不艳，常招来凤凰歇息，所以民间有“家有梧桐树，何愁凤不至”之说。凤凰为神鸟，象征富贵、吉祥，因此使梧桐具有圣洁之象征。青竹使满堂翠绿清幽，所以梧竹之处实为幽居之所，因此此方亭取名为“梧竹幽居”，亭上有对联曰：“爽借清风明借月，动观流水静观山”，将园内的静山流水、清风明月的环境描绘得淋漓尽致，使拙政园增添了意境之美。

中国绘画由于有了意境，使观者不但看到客观事物的物境，而且还能领悟到作者的心境，从而使心灵受到滋润。中国园林有了意境，使游者不仅观赏到美丽景观，同时还能使身心受到陶冶。在这里，园林不仅是一个物质环境，而且也是一个精神环境，这应该是中国园林具有的特殊价值。

第七章

万千住屋
——中国古代住宅

住宅，作为人类居住的场所，在诸类建筑中出现得最早，分布最广，凡有人类的地方皆必有住宅，所以它的数量也最多。

在中国古代，目前发现最早的人类的居住处是北京房山周口店中国猿人，也称“北京人”居住的山洞，距今已经有50万年的历史，但山洞是自然山体形成洞穴，还不是人类自己建造的住房。随着人类的进步和生产技术的发展，人类开始走出山洞，

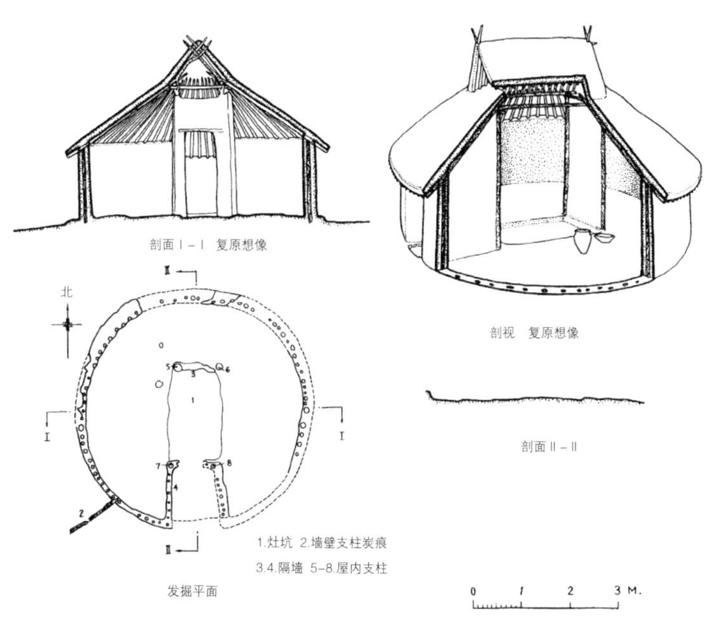

7.1 陕西西安半坡村原始社会住房

用自己的双手建造住房。据考古学家论证，中国古人最早期的住房在北方较干旱少雨地区应该是从地面向下挖的穴居；在南方较多雨潮湿地区应该是搭建在树上的，像鸟巢一样的巢居。经过历史的发展，古人终于从地下穴居往上迁升，从树上巢居落至地上，开始能够用泥土和树木在地面上建造自己的住房了。考古学家在陕西西安半坡村发现了一处新石器时代（约10000年至4000年前）仰韶文化时期的氏族聚落遗址。在这里我们看到了当时的住房形象，已经有半地下的和完全地面之上的两种住屋。

在中国古代，不论是奴隶社会还是封建社会时期，由于当时社会条件的限制，分布在各地，尤其在广大农村的住宅，都由当时的工匠，采用当地的建筑材料，应用当地流行的技艺，去建造出适合当地自然环境和百姓生活习俗的住房。由于我国幅员辽阔，既有江南的青山绿水，又有西北的黄土高原、西南的高山峻岭，还有内蒙古的草原、新疆的戈壁和西藏的雪山，各地的自然环境与气候条件均有差异。我国又有56个不同的民族，他们的生活习俗、宗教信仰亦不相同，再加以在长期的封建社会，商品经济不发达，各地区之间的文化、技术交流不畅，在这样的自然和社会条件下，各地的住宅形态自然是多样而各具特色的。

面对这些千姿百态的住宅，为了介绍的方便，是否能将它们归纳为在形态上相近似的几种类别呢？从建筑的组成布局上看，可分为合院落式和非合院式的两大类。从建造所用材料和结构上看，可分为纯木结构，木砖或木石、木土结合的结构，竹结构，土结构等多种类别。从居住方式上看，可分为单个家庭，包括两代、三代乃至四世同堂的家庭居住和众多同族家庭聚居的两种。后者如广东、福建一带的围龙屋和土楼住宅。面对各地众多的住宅，各种分类都有其局限性。下面是按合院式和非合院式两大类来区分，分别介绍这些住宅的形态与特征。

一、合院式住宅

合院式住宅的基本形式是四面房屋围合成院，故称“四合院”。这类合院式住宅出现很早，在四川出土的汉代墓室的画像砖上就有这类住宅的图像。住宅由主院和一侧的旁院组成。主院由宅门、过堂、堂前后组成三进两庭院，两侧有廊屋围合成院。旁院前面为厨房与水井，

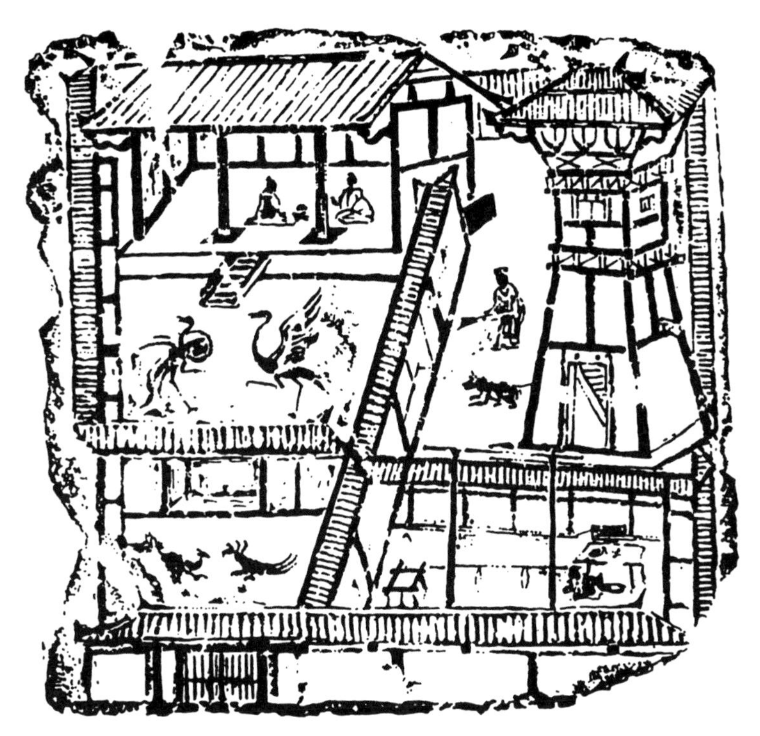

7.2 汉代画像砖上住房图

后院有一座高起的望楼，作瞭望用。住宅堂内主人与客人席地而坐（当时的习惯），前后庭院中有鸡、狗嬉戏；旁院中有仆人在打扫地面，旁有家犬，一幅住宅画像，充满了生活情趣。从住宅的规模和人物看，应该是一座地主宅院。合院式住宅的优点主要是具有作为家庭生活所必需的私密性与安静的要求，四面房屋围合成院，与外界相对隔绝。院内既安静又有可供家庭活动的庭院，因此这类住宅各地均有出现。自汉代至今，流传不断，成为中国古代住宅中最主要的形式。当然结合各地的自然与社会条件的差异，同为四合院，也会出现各具特征的不同形态。

（一）北京四合院住宅

北京四合院自元大都开始建造，一直沿用至明、清。一座座四合院并列在一条胡同两侧，组成北京大片的住宅区。一座标准的四合院是由前院、内院、后院三进院落，四进房屋组成。最前面为一排倒座，隔着进深很浅的

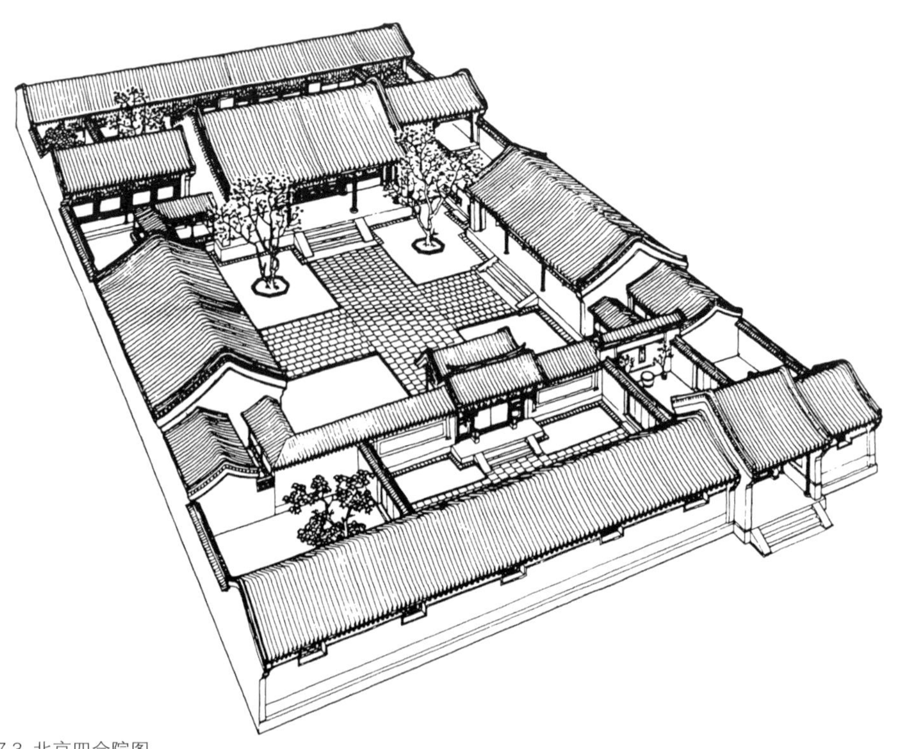

7.3 北京四合院图

前院为内院墙和垂花门，进门后即为内院，正对垂花门为正房，两侧为厢房。然后由正房一侧进入后院，前后是一排后罩房，大门设在倒座的一端。在使用功能上，倒座用作门房、客房；垂花门是进入内院的院门，以此区别内外；内院较宽敞，在院内种植花木；为家人室外活动地；正房为一家之主或长辈的居室，正房三间，中央间多为一家聚会之地；两侧为卧室；内院两侧厢房为儿、孙小辈的居室，后罩房安置厨房、厕所、储藏、仆人居住等。这样的四合院不但能提供私密和安静的居住场所，而且还符合封建家庭的伦理制度，这就是长幼有序，主仆有别。长辈住正房，冬季日照好，夏季多阴凉；儿孙住两侧厢房，仆人只能住在后罩房。在作为封建帝国首都的北京，一切都是讲究礼制的，建筑也不例外，连住宅大门也是有高、低等级之别。凡大门安在门

7.4 四合院垂花门

7.5 北京四合院广亮大门

7.6 北京四合院金柱大门

7.7 北京四合院蛮子门

7.8 北京四合院如意门
7.9 北京四合院随墙门

房脊檩下的，称为广亮门；安在金柱之向的，称为金柱门；安在外檐柱之间的，称如意门；没有门房，大门安在院墙上的，称随墙门。广亮、金柱、如意、随墙由高到低，等级分明，按住宅主人的社会地位与财力而分别采用。一般住宅进宅门多面对一道影壁，而讲究的住宅则在胡同对面，正对着宅门处还有一道影壁，使过路的人知道这里有一处大户人家的宅第。

（二）山西四合院住宅

山西的四合院大体可归纳为两种形式，一是院落成狭长形的住宅，尤其在城市中，由于城区面积受限制，人口又密集，使每一座住宅不可能占很大面积，而且又必须面向街巷，因而使住宅成狭长形。三开间正房的前面，两侧的厢房只能有较浅的进深，屋顶用单面坡顶，围合的院落只能是狭窄的长条形了。在山西平遥县城的商业街上，临街排列着商铺，每家商铺宽者三间，小者只有一间，前面开店，后面居家，前后院分开，中间有垂花门相隔。这种店宅结合的形式成为山西狭长形住宅的代表。

另一种形式是约呈方形院落的四合院。这种形式在农村中大量存在。农村土地相对宽裕，住宅占地限制较少，从而使宅内院

7.10 山西狭长形四合院住宅
7.11 山西四大八小四合院住宅

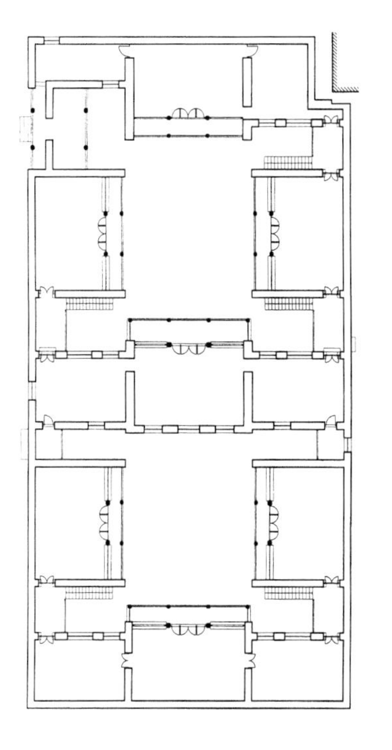

落较宽畅。在经济富裕人家，更将宅屋修建为二层，有的更有前后两院三进房屋的规模。在这样的住宅内，不仅正房两旁带有耳房，而且在两侧的厢房和对面的倒座两侧都附有小耳房，组成了当地称为“四大八小”式的合院式住宅。

（三）江南地区的天井院

在江南，浙江、安徽、江西

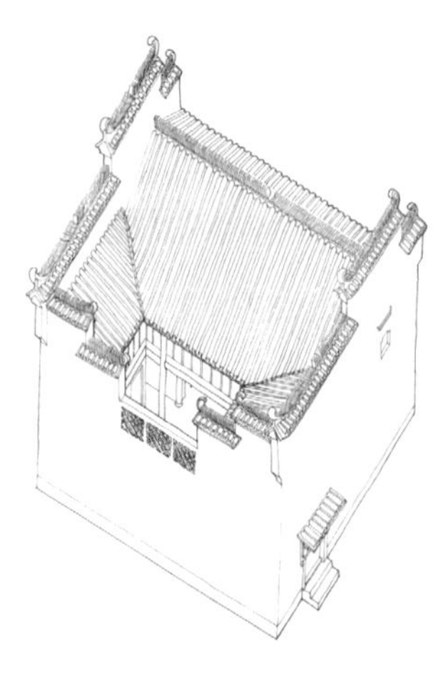

三间两搭厢住宅轴测示意图

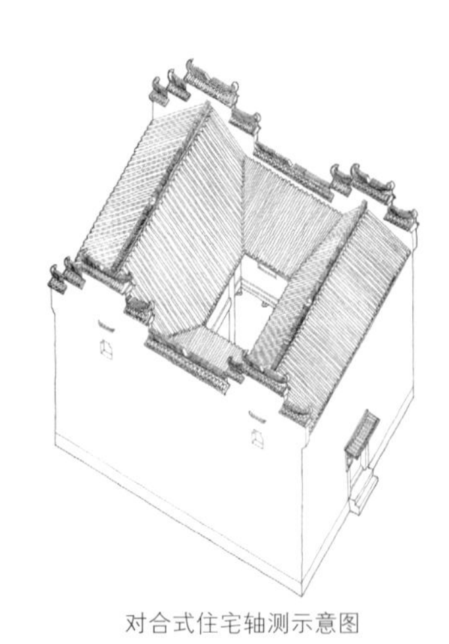

对合式住宅轴测示意图

7.12 江南地区天井院住宅

一带，地域不大，但人口稠密，在农村每户平均耕地有限，所以住房不可能像北方四合院有较宽畅的院落，而发展了一种小院落式的四合院住宅。为了在有限的地面上增加住宅面积，这种四合院多采用两层楼房，而且四周房屋屋顶相连，中央围合成小面积院落。南方气候潮湿多雨，夏季炎热，这种小型院落四周楼房相围，形如井筒，具有抽风作用，使住宅内空气流通，所以将这种四合院称为天井院。天井院或四面房屋，或三面房屋，一面墙相围，外面用高墙相护，房屋门、窗均朝天井。天井院相连成片，其中街巷亦很窄小，为防止一户火灾，殃及邻宅，所以都将外墙增高超过屋顶之脊。此种高墙称为“封火山墙”，因为其上端成阶梯状，墙檐两头翘起，形如马首，所以又称“马头墙”。这种窄窄的街巷高高的白色马头墙形成这一地区住宅的典型式样。天井院的内部，正面为正房，多为三间，也有大至五间的，中间为堂屋，是祭祖、会客、家人聚会之所。它面向天井，有的不设门窗，直接与天井连为一片，有的装有格扇，夏日时刻将格扇取下。堂屋两侧为主人卧室。天井两旁厢房为儿、孙辈住屋。楼上正厅有的专用作祭祖，其余房间用作储藏，亦可供家人住屋。宅内厨房有的设在后院平房或附设在天井院之旁。这类天井院占地不大，内部各部分连结紧凑，房屋相联，屋顶出檐大，下雨天在屋内活动不用湿鞋，连天上雨水，由屋顶排下，也通过设在四周屋檐下和天井四角的落水管将雨水集中聚落在水缸内供家庭食用，并称之为“四

7.13 江南地区天井院住宅区

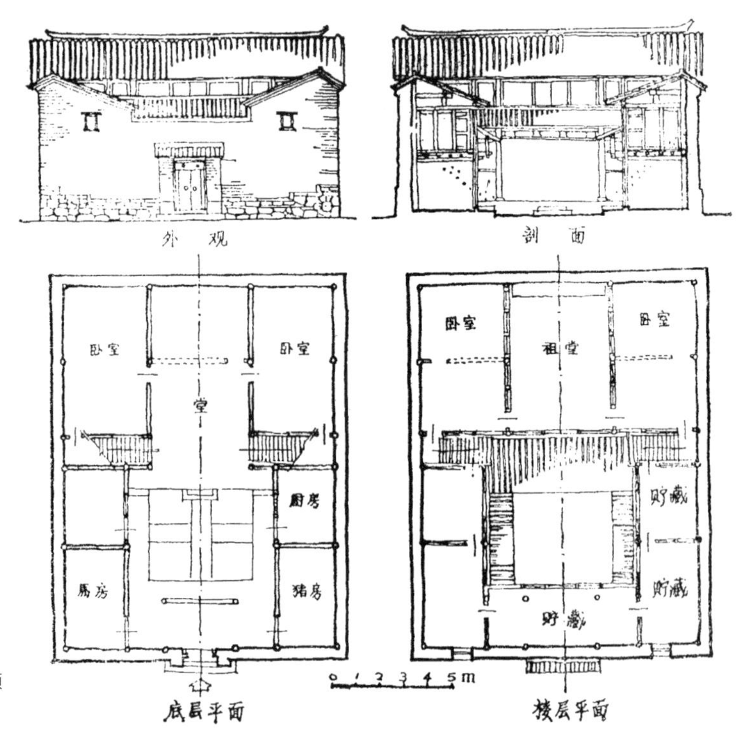

7.14 云南“一颗印”住宅图

水归堂”。生活与生产皆离不开水，古人视水为财富，所以也称“肥水不外流”。

（四）云南四合院住宅

在云南见得较多的是“一颗印”住宅。它的特点是占地小，由四面房屋相连围合成院。正房三间，上下两层，中央间下层为堂屋，二层为祭祖祖堂，上下两侧均为卧室。院落两侧为厢房（当地称耳房）各两间，所以称“三间四耳”。正对堂屋为门房。耳房、门房皆为一层。住宅外围用高墙相围，多用夯土墙或土坯砖筑造，所以外观方整如印，故称“一颗印”。遇到大户人家，亦有将两座“一颗印”前后串联在一起的，两个院落之间正房成为过厅，作待客、礼仪之用。

在云南大理白族聚居区流行另一类合院式住宅，常见的有两种：一为“三坊一照壁”，二为“四合五天井”。坊为白族百姓对一幢房屋的称呼。由三幢房屋和一面照壁（即北方的影壁）围

7.15 云南大理三坊一照壁住宅

合成院，即称“三坊一照壁”。大理地区的环境东与北临洱海，西靠南北走向的苍山，这里气候温和，土地肥沃，农业发达，但又以风大著称，所以当地住宅多坐西朝东，使住宅正房背靠苍山、面临洱海以挡风势，而且房屋都作硬山式屋顶，不作挑檐，以免大风卷刮。住宅内正房两层，三开间，底层三间带檐廊。檐廊中光线明亮，又遮挡日晒雨淋，是家人休息和家务劳动的场所。三开间中央为堂屋，左右为卧室，楼上三间中央供神，左右作储藏。院落左右南北向的厢房可供居室、杂屋、厨房等用。面向正屋是一面照壁，其宽与正房等同，其高约与厢房上层屋檐取平。照壁为“一”字形，也有一主二从三段式的壁身，两面均用白灰罩面，使住宅内院十分明亮。宅门处于照壁一侧的厢房顶端。如果把这里的照壁换作房屋，则成为“四合五天井”的四合院了。四面房屋围合成中央一个院落，在四个角上还各自形成一个小天井，当地称为“漏角天井”，所以有了“四合五天井”之称。四面房屋皆为二层，正房仍坐西向东，宅门多开设在东北角上。这种四合院与“三坊一照壁”相比，中央院落没那么宽畅，空间也相对封闭。

（五）合院式窑洞住宅

在陕西和河南西部、甘肃东部以及山西中、南部等地区，成

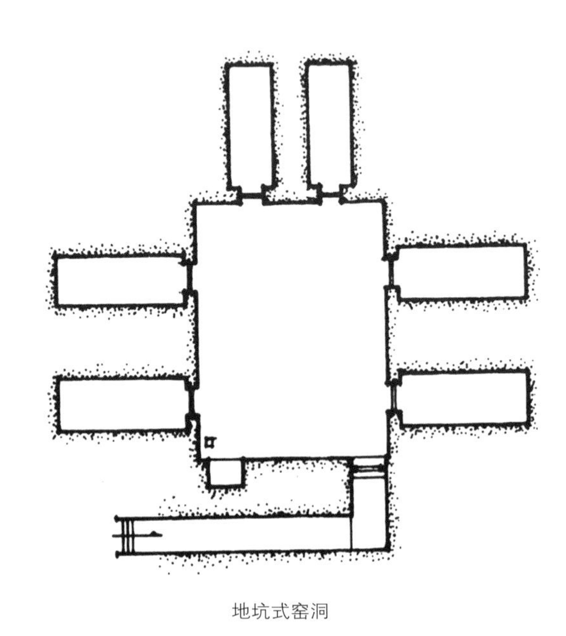
地坑式窑洞

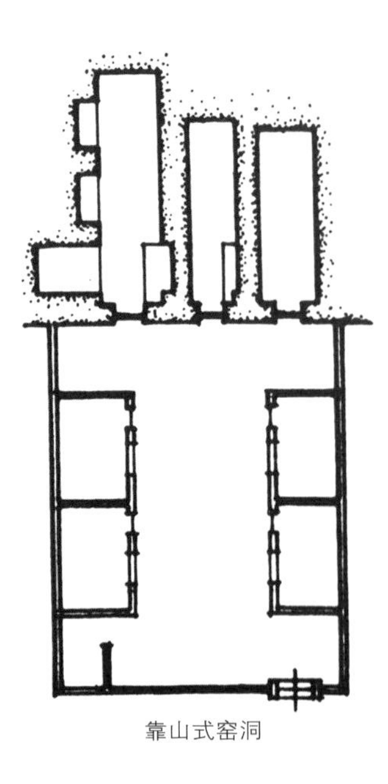
靠山式窑洞

7.16 窑洞住宅平面图

年干旱少雨，连绵的黄土山坡上植被很差，很少有成片的树木，在这里既缺建造房屋的木料，又不烧砖、瓦，但黄土质地坚实，于是当地百姓因地制宜，创造了窑洞这种住宅形式。窑洞就是用人工在黄土山壁上横向挖出平面呈长方形的洞穴，宽约3至4米，深约10米，顶呈圆拱形，拱顶至地面约3米，洞口装上门窗就成为可以居住的窑洞。一孔窑洞不够，可以并列挖多孔。为了生活方便，在窑洞前面用土墙围成院落，有条件的在地面上用土坯再建造简单房屋，就成为一座以窑洞为主的四合院式住宅。窑洞的优点当然首先是简单易行，百姓用一把铁锹，一把镐凭力气就能够挖出窑洞。在洞内用土坯造出睡觉的土炕和做饭的土灶；在洞壁上挖出小龛可供存放杂物；在并列的几孔窑洞之间还可以横向打通。由于土层深厚，洞内可保持冬暖夏凉。但窑洞也有自身的缺点，由于只有一面朝外，所以洞内光线差，通风不良，潮气不易散去。当冬去春来，洞外已是春暖花开，但洞内还需烧火炕以避寒湿。这种处于山壁上的窑洞称靠山窑，这是最常见的一种窑洞。

在没有山坡、土壁的黄土地区，当地百姓又创造出另一种窑

7.17 山西锢窟住宅

洞。这就是在平地向地下挖出一约呈方形的坑，约15~18米见方，7~8米深，由地面挖出斜坡通向地坑。在地坑的四面横向挖出窑洞而成为地下四合院，称为地坑式窑洞。这地下四合院与地面上的一样，将坐北朝南的窑洞作为正房，供一家长辈居住，一个家庭所需要的厨房、厕所、储藏、水井、牲畜棚等均设在地坑四周的窑洞里，只是洞的大小不同。地坑院内和地面一样种树栽花，并在院角挖出排水井，以排泄雨雪天积水。河南三门峡市郊有一个农村，全村190户有80余座地坑院，几乎有一半人住在地下，所以外人来这里往往是“进村不见屋，听声不见人”。

在这些地区，当生活条件改善，可以用砖瓦建造房屋时，有的还习惯采用窑洞的形式，即用砖（有的地区用石）筑墙和拱形屋顶，这样做的好处是可以不用木结构，也有冬暖夏凉的效果，这种窑洞形住房称“锢窑”，锢窑围合成院也列入窑洞式合院住宅。

（六）围龙屋

这是一种流行于福建西部和广东东、北地区的集居型合院式住宅。这种大型住宅供一个家族众多的家庭同时居住。住宅由三部分组成：一是中心部分的

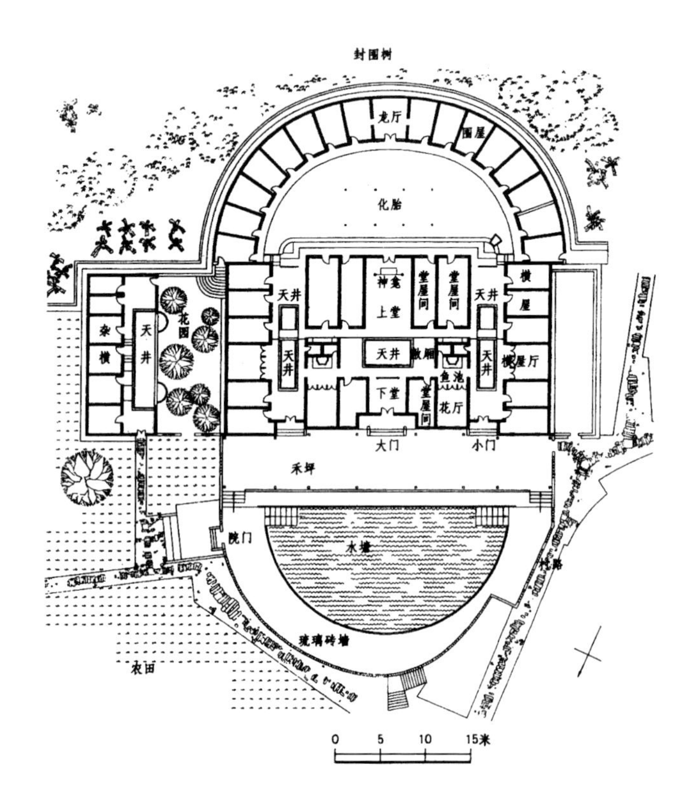

7.18 广东梅县围龙屋平面图

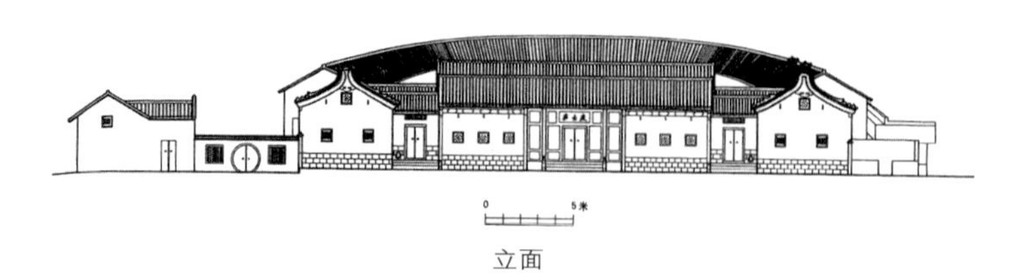

立面

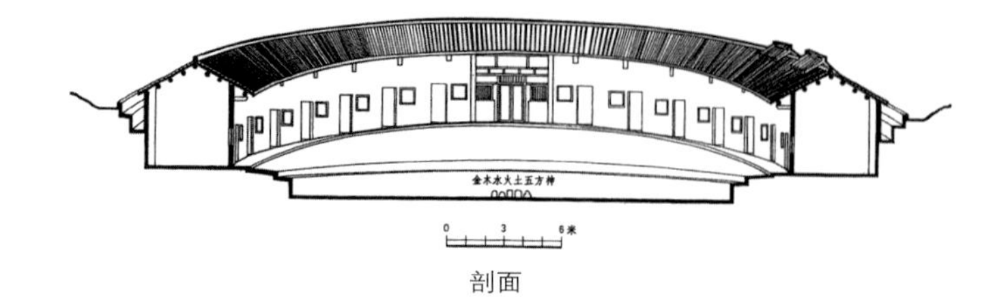

剖面

7.19 梅县围龙屋立面、剖面图

正屋，为一院两进或二院三进的四合院。每一进房屋都由三或五开间并列，中央开间第一进为门厅，后进为家族举行祭祖等礼仪的场所。在正房两侧为竖向连排房屋，称“横屋”。这是众家庭的住房部分。在正屋之后有一条半环形房屋，左右两端连接在横屋的上端，称“围屋”。围屋与正屋之间包围成一块半圆形的院地。由于围龙屋多选择建在山坡之下，正屋在平地，而围屋在山坡，它们之间的院地正处于隆起的坡地上，其形如孕妇的小腹，所以取名为“化胎”。它具有百子百孙、家族繁衍的象征意义。居于山坡上的围屋用作贮藏与厨房等，但在最高处的中央开间称为“龙厅”，是龙脉进入住宅的通道，必须空着不作他用。围屋之所以呈圆环形，可能与防洪水有关，因为山洪暴发，洪水自山坡冲下，圆形墙体有利于减轻洪水之冲击力。以上是围龙屋最基本的形态，随着家族人口的增加，正屋两侧的横屋还可以增多，由两横、四横甚至六横、八横，其后的围屋也相应地增为两围甚至三围。从实例看到，不少围龙屋前方多挖有水塘，从而使这种住宅背山面水，又兼有龙脉，颇具风水之胜，成为中国传统的集居型合院式住宅。

（七）土楼

这也是一种集居型的合院式住宅，流行于福建省永定、龙岩、漳州一带的农村。福建地区古时社会动荡不安，战争频繁，乡民常受兵匪之害，所以当地乡民为了求得安全，创造了这种集

7.20 福建土楼

7.21 福建土楼内景

居的住房。土楼从外形看有方形与圆形之分，也有少量呈多角与半月形的，其中以圆形最为奇特，为土楼中的代表。圆形土楼内部以木结构建造多层房屋相连而成环状，外围筑土坯墙围合而成圆形院落，中央建有祖堂。环状房屋为各家居室，每家分得一间，从低至顶，一层作厨房，二层作贮粮仓（位于厨房之上，受炊烟之燎可以使粮食干燥），三层为居室。在这里，没有一般四合院的正房、厢房之分，各家相同，不分贵贱，都面向中央的祖堂，这是家族共同的祭祖之地。

土楼既为求安全而建，所以它的防御性是最重要的。首先是土楼外墙全部用夯土筑造，厚达1米以上，墙下基础用卵石砌造，以防外敌挖地道侵入楼内。外墙上只在高处开有少量窗口，这也是用以从楼内向外瞭望和射击防卫。大门只设一处或两处，门板用厚木拼制，外表包有铁皮，门后有顶门杠。在大门上方还设有水槽，防止敌人用火攻门时可以灌水形成水幕以灭火。土楼内顶层设有环廊，可以临时由各家调集人员防御外敌。楼内平时即有水井、贮粮室，即便受兵匪长期包围，也可以在楼内正常生活。在福建永定县至今还保存着一座承启楼，建于清康熙四十八年（1709），历时三年完工，为客家人江姓氏族所建。这座圆形土楼直径达62.6米，里外共有四环：最里环为祖堂，由厅堂与圆环屋组成，第二环有房20间，第三环有房34间，第四环有房60间，共四层，因此全楼共有房300余间，外墙东、南、西面各开一

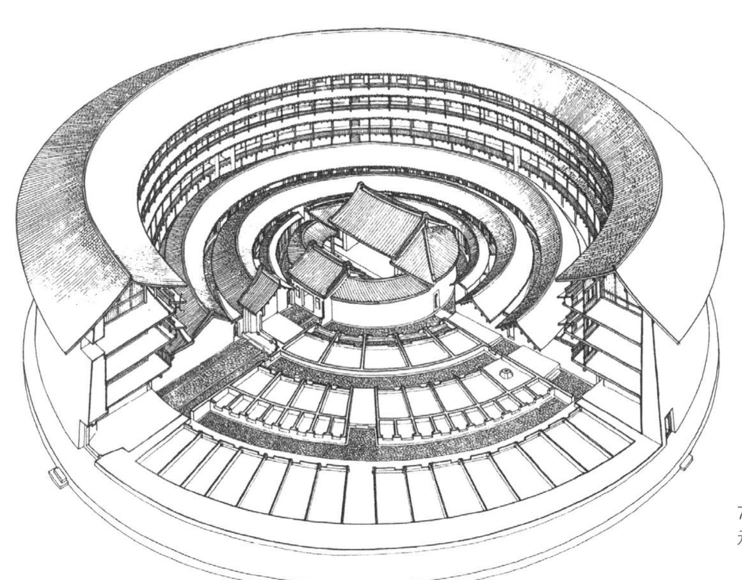

7.22 福建永定土楼承启楼剖面图

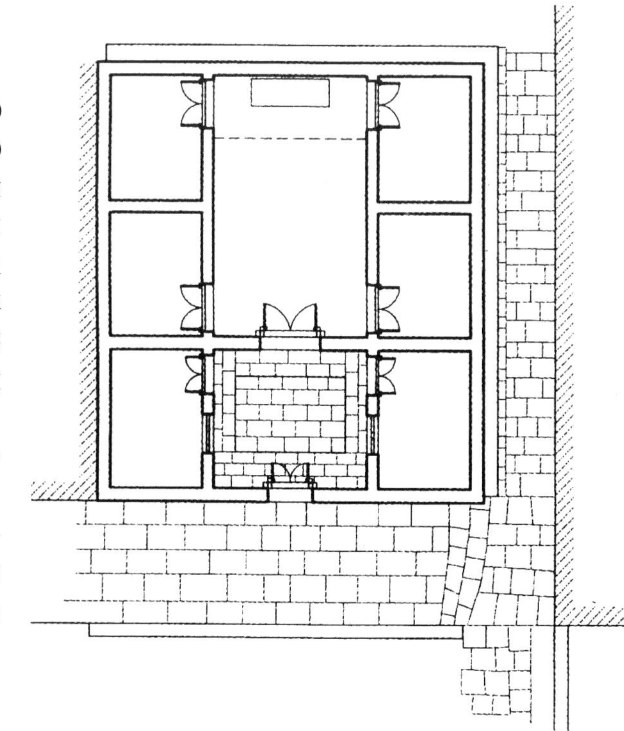

7.23 广东东莞南社村小型住宅

门。全楼完工后，江氏族人80余户迁入居住，最多时共有600余人共同生活在土楼内。福建的工匠根据当地的自然条件和社会状况创造了这种奇异的土楼，外国人将它比为“天上掉下的飞碟”和“地下冒出的蘑菇”，如今已被联合国教科文组织列入世界文化遗产名录。

合院式住宅除了上述几种类型，在全国各地还有不少：小型的有广东东莞农村的由一正一厢和一正二厢组成的合院住宅；大型的有江西新建县的

7.24 江西新建县江山土屋

汪山土库，为当地程氏宗族所建，由东西九列规整的四合院相连，共有房1400余间。外形方整的集居式四合院，在这里就不作详述了。

二、非合院式住宅

非合院式住宅包括的范围很广，凡不是用多座房屋围合成院，而是以单幢房屋提供一个家庭使用的住房，皆属于此类。下面以房屋所用材料、结构和外部形象之不同分作几类分别介绍。

（一）干阑式住宅

在云南西双版纳傣族聚居地区，属于亚热带气候，潮湿多雨，夏季闷热。这里的住宅以一家一幢为单位，房屋上下两层，下层架空，四周不设门窗与墙，作养牲畜、贮放农具等用。上层住人，有楼梯上至二层，分有外室与内室，外室设火塘，为做饭、饮茶、会客之地，内室为主人卧室。室外设有前廊与晒台，为主人进行家务劳动，晾晒粮食、衣物以及休息场所。这种将下层架空的住宅，即称为干阑式住宅。它的优点是人居楼上，人畜分开，不仅卫生而且通风、防潮，又能防兽，防盗。在西双版纳，经济条件差的普通百姓多用少量木料作房屋骨架，而用本地盛产的竹材制作墙体、门窗，以茅草覆顶，所以也称“竹楼”，但竹楼极易着火，所以只要有条件都改为木结构和瓦顶的干阑房了。

7.25 云南西双版纳干阑式住宅

7.26 贵州黔东南干阑式住宅

贵州的自然生态素有“地无三尺平，天无三日晴”之称，尤其在黔东南一带，高山峻岭，天气潮湿而炎热。为了不多占农田，在广大乡村多将住房建在山坡上，而且也采用下层架空的干阑式。为了尽量利用山坡地的面积和减少修整坡地的土方量，多顺应山势将住房建在坡地上。当地工匠应用这里盛产的杉木制作穿斗式屋架，架设在斜坡上，立柱立在斜坡上方则短，立在斜坡下方则长，人可以从坡上直接进入二层，下层架空作牲畜棚，存放农具之用。这是一种充分利用山坡地的干阑式住宅，流行于黔东南、广西三江龙胜地区广大的苗族、侗族、瑶族、壮族等聚居地。只是由于各地各民族的生活习俗之不同，在房屋内的布局、

7.27 四川藏族地区碉房

7.28 四川羌族地区碉房

房屋局部的装饰上存在差异。例如在住屋架空的下层，有的不放围墙，有的则用木板围护，有的将上层晒台挑出墙外，以增加活动面积等等。

这种干阑式房屋多采用穿斗式木结构，一排立柱可以立在不同高度的斜坡上，当房屋上层须要向外挑出以增加使用面积时，外檐的立柱可以加长而立于下面的坡地上，也可以不延长而用伸出的平梁承托住立柱，而使柱子悬在半空中。当地将这种檐柱加长仿佛掉至坡脚底的楼房称为“掉脚楼”，日后又称“吊脚楼”。这种原来是作为形象特征的名称逐渐成为这种层层悬空的多层楼房的专有称呼了。

（二）碉房

在西藏、青海、四川西部等藏族地区百姓的住房多采用当地盛产的石料筑墙，内部用木架构的方式建造。住房多为二、三层，外观形如碉堡，所以称碉房或碉楼。住房内一层作饲养牲畜、堆放饲料和杂物等，二层为居室、厨房，三层设经堂。因为藏族地区几乎全民信仰佛教，所以家家户户都在家中设立经堂，作为日常敬佛、礼佛之地，而且在经堂之上不得有人居住或堆放杂物，以示神圣。因此经堂多设在顶层，如果住房只有两房，则经堂与居室同层，但也位于明显位置。

在四川阿坝、汶川一带的羌族聚居区也流行碉房住宅。羌族百姓就地取材，用当地产的石料砌筑自己的住房，他们在有经验的工匠指挥下先在地上挖坑，在坑内填筑大块石料作为房屋基础，出地面后用石料砌墙，石块之间用黄泥黏结，墙体下厚上薄有收分，外壁倾斜，内壁垂直使墙体重心向内，增加房屋的稳定性，房屋内部用木楼板和木结构屋顶。羌族村落多住房连片，巷道纵横，房屋之间有的还有暗道相连。除此之外，为了自卫，村中多建有高耸的碉楼。碉楼有四方、六角或八角形多种形式。成群的碉房与高耸的碉楼构成羌族村落特殊的景观。藏族碉房与羌族碉房相比，同样用石料筑墙，但由于两地石料不同，藏族区多为块状石，而羌族区多为片状石，石料色彩也不尽相同，再加以民俗、民风的相异，所以在碉房的外貌上仍各有不同的风格。

在其他汉民族地区，例如河北的山区和山东沿海一带，也有用石料建住房的，只是这些住房多围合成院，不像藏族、羌族那样的单幢型住房。房屋用石块筑墙，内部仍为木结构，有的地方连屋顶都用片石覆盖。走进这些村落，眼见的是石头的路、石头的坡、石头的桥和石头的房屋，满目全是石头，仿佛进入了一个石头的世界。有的村落为了防御匪盗，不像藏族、羌族那样建造碉楼，而是在平屋顶上存放石块，当匪盗入侵院内，即用石块投掷以驱赶。当地多将这类村落直呼为“石头村”。石头村房屋坚固，虽然随着经济发展与社会变化，不少已是人去房空，但村落尚保存完整。

7.29 河北邢台英谈村

（三）毡包

这是一种适应游牧民族居

7.30 内紫草原毡包

7.31 毡包内景

住，随时可以搬迁的住房。它的平面呈圆形，直径约5米至10米，高度有2至3米。由木条相互捆扎成可以拆装的圆形拱顶的骨架，外面围以毛毡，即成为可以住人的毡包。毡包一侧开门，包顶中央开一圆形气孔，既通风又采光。冬季在包内生炉烧马粪取暖时，将火炉放置中央，气孔又成为排烟孔。当牧民在一处草原放牧一个阶段后，即拆除毡包，将木架毡皮、生产及生活用品皆驮在几匹马上，主人骑着骏马，赶着他家的羊群、牛群，迁至另一处牧场，开始新的放牧。这种毡包出现最多的地方是内蒙古的草原，因此当地皆称蒙古包。但新疆的天山脚下亦多见此类毡包。在内蒙古草原辽阔的蓝天下，在一片郁郁葱葱的绿色天山脚下，一座座灰白色的毡包散布其中，组成为一幅特殊的牧村景观。

以上只是对各地住宅的主要类型做了简要的介绍，而且只重点地讲了它们的外部形态与平面布局，其实住宅作为人的居屋，主人只要有经济条件，总会对自己的住屋进行美化与装饰，古代工匠也会尽力在其中显示出他们的聪明才智。俗话说，看人远观身段近看脸，看建筑也是远观造型近看门。大门是供人出入建筑的必经通道，一座建筑的大门都会设在建筑的最明显处，所以大门就成为美化和装饰的重点部位，房屋主人总想通过大门的形态，装饰来显示他们的身份和财势，只要留意观察，各地住宅的大门正是这样表现的。

前面已经介绍过，北京四合院住宅的大门在形态上就有广亮、金柱、如意、院墙门等几种高低等级之分，不仅如此，这些大门还在门上的砖雕装饰、门下的门枕石石雕装饰上表现出不同的等级差别。在山西的晋商和地主住宅的大门上都看到用木雕和砖雕的装饰。我们从几处著名的晋商大院，如乔家、渠家、曹家院落中的垂花门上，就可以看到精雕细刻的各种动物、植物的纹饰，仿佛他们要从这些垂花门的装饰上尽力显示出自己的财富。江南的天井院住宅大门，无论是安徽徽派建筑，还是江浙闽赣地区的住宅，凡有钱人家都会有木雕，砖雕门头作装饰，门头有大有小，雕饰有简有繁，内容有狮子、蝙蝠、松、柏、莲荷各种具有象征意义的动植物。主人正是通过这些装饰表达出他们的人生理念与追求。连穷苦的普通百姓家的住宅大门上没有钱做砖雕、木雕，也要用笔在墙上画出门头

7.32 山西农村住宅大门

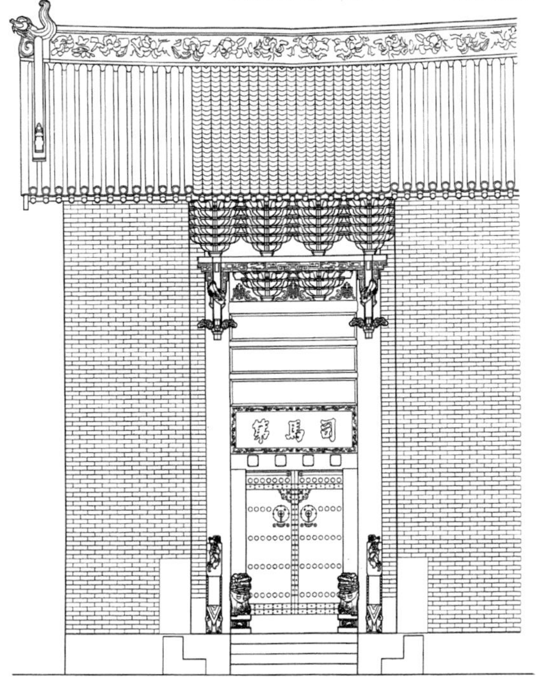

7.33 山西晋商大院住宅门头

7.34 安徽黟县农村住宅门头

7.35 浙江农村百姓住宅门头

装饰。我们从各地区住宅的门头装饰上还可以看出它们所具有的不同风格特征：徽派建筑的端庄大方，福建地区的繁华，江苏苏州的精细等等。

少数民族地区住宅大门上的装饰自然更富有民族特征。云南大理白族地区的“三坊一照壁”四合院，房屋墙壁是白色的，大照壁是白色的，只在这些白墙边沿上绘有彩色纹饰。它们与白族姑娘的服饰一样，白色的衣裤，只在袖口、裤边绣有一些花纹，而重点装饰放在头饰上。住宅也将重点装饰放在宅门的门头上，两角翘起的屋檐下，密集的斗拱和梁枋都满绘花饰，在白壁、白屋的衬托下，一座重彩的门头将四合院打扮得鲜亮而端庄。藏族碉房的大门，门头上一层斗拱挑起门檐，门两边和墙窗的两侧一样附有白色或黑色的梯形门套和

7.36 云南大理白族住宅大门

7.37 四川康定藏族住宅门

窗套，这种装饰已成为藏族地区建筑特有的标志。草原上的毡包，在这样简便的迁移式住宅的大门上，主人也要将门板涂成各种色彩，在毡皮的门帘上挂上彩色的壁毯。

在中国辽阔的土地上，居住着56个不同的民族，地又分东、西、南、北，一代又一代的工艺匠为百姓建造出千千万万的住宅，它们以多样的形态组成一幅多彩的住宅画卷，从而使普通的住宅成为中华传统建筑文化中重要的组成部分。

7.38 新疆毡包门